读客

读客中国史入门文库

顺着文库编号读历史，中国史来龙去脉无比清晰！

冷兵器时代的战争

大司马　著

江苏凤凰文艺出版社
JIANGSU PHOENIX LITERATURE AND ART PUBLISHING

图书在版编目（CIP）数据

冷兵器时代的战争 / 大司马著. -- 南京 : 江苏凤凰文艺出版社, 2023.8
ISBN 978-7-5594-7902-0

Ⅰ. ①冷… Ⅱ. ①大… Ⅲ. ①冷兵器 – 设计 – 军事史 – 中国 – 古代 Ⅳ. ①E922.8

中国国家版本馆CIP数据核字(2023)第142006号

冷兵器时代的战争

大司马 著

责任编辑 丁小卉
特约编辑 王星麟 乔佳晨
封面设计 余展鹏 王 晓
责任印制 刘 巍
出版发行 江苏凤凰文艺出版社
南京市中央路165号，邮编：210009
网 址 http://www.jswenyi.com
印 刷 三河市龙大印装有限公司
开 本 880 毫米 × 1230 毫米 1/32
印 张 8.25
字 数 162千字
版 次 2023 年 8 月第 1 版
印 次 2023 年 8 月第 1 次印刷
标准书号 ISBN 978-7-5594-7902-0
定 价 49.90 元

目　录

第一章

初始　史前野人　木石为兵

史前时代，我们人类使用的第一件兵刃是什么？

最简单、最原始，几乎不需要任何加工的天然兵器，毫无疑问就是木棍。在类人猿到人类的漫长演变过程中，森林中大量存在的树枝木条，便是最好的天然武器。

在本章，我们讲述的是中国人使用的第一批武器，即远古版常规武器（棍棒）、大规模杀伤性武器（斧钺），然而并不限于这些武器的早期版本，而是一直描述至武器史的末期，本书所有章节均为如此，时间仅仅是一个线索而已。

第一节
走出丛林　人类祖先最早使用的武器

棍棒，猿人的第一件趁手兵器。史前人既没有锋利的獠牙，也没有尖锐的爪子，且尚不能炼铁，也不会有效利用陨石，既然如此，用树木作为兵器的材料也是自然之理。十八般兵器之中，唯有棍棒是全木制且最易制造的兵器，甚至从棍梢到棍根，没有一点弧度，只是一根浑圆坚质的木杆，用于对付毒蛇猛兽，再方便不过。

但其实我们在阅读古文时，很少能看到“棍”和“棒”两字，尤其是先秦文字，这是什么缘故呢？因为最初的文言文里，棍棒统一用一个“梃”字来表示。这一点，在三国时期的一部文字专著《广雅》里有专门的解释。《孟子》说：“杀人以梃与刃。”当时最流行的两件杀人利器，就是木棍（梃）和刀（刃）。孟子曾给梁惠王提过一个建议，说只要施行仁政，就算只给老百姓每人一根“梃”，也足以抵御秦国和楚国的坚甲利兵。

到了后来，民间就更多以“棍”“棒”来称呼，其实是一个意思。不过在比较正式的场合，官方还是比较喜欢用“梃”。如明朝晚期著名的“梃击案”，即万历四十三年（1615年），一个神秘人闯进太子住的慈庆宫，打伤看门的太监。他用的武器，就是一根大木棍。

而除了梃之外，古代兵器中还有一种叫“殳”，始见于商代甲骨文，是一种无刃有棱的打击类兵器，以竹或木制成，八棱，顶端装有圆筒形金属，算是棍棒的加强版。

汉朝有一个官职，叫作“执金吾”，东汉末年应劭所著《汉宫仪》一书，有一段记载，后来被《后汉书》引用：

“执金吾缇骑二百人，持戟五百二十人，舆服导从，光满道路，群僚之中，斯最壮矣。世祖叹曰：‘仕宦当作执金吾！’”

这里的世祖，便是东汉开国皇帝刘秀。由此带来一句流传千古的名言，即：“仕宦当作执金吾，娶妻当得阴丽华。”执金吾，是当时京师皇城北军的最高统帅，所以今人一般也就把这个官职翻译为中央卫戍部队司令。事实上，执金吾是一个权力极大的官职，不但负责宫禁以外（以内由负责南军的卫尉负责）所有京城区域的军事，还兼管治安巡察、禁止暴力活动、抓捕奸细、武库管理等诸多事务。皇帝出巡，执金吾也常常被委以仪仗和警卫工作，甚至还有带兵远征，讨伐羌人和匈奴的事例。譬如窦宪讨伐北匈奴，执金吾耿秉就是他的副帅。

那么“金吾”是什么呢？颜师古说金吾是一种鸟，但更多人包括司马在内，认为金吾就是一根两端涂金的铜棒，大体上可能就是由殳演变而来。担任这个职务的人出行之际，就拿这根棒，作为权杖。

棒虽然简朴，没什么花哨，却在战场上很实用。南北朝时期，北魏军阀尔朱荣在与农民起义军葛荣部的大决战开始之际，就认为“人马逼战，刀不如棒”，于是下令所有士兵，携带一根长度可以容纳于袖的棍棒，放在马的一侧。两军交战之际，尔朱荣一声令下，北魏军拿出大棒，奋勇向前，居然将起义军打得落花流水，最终活捉葛荣，大获全胜。

不过，随着冷兵器的发展，简单的棍棒毕竟无法与刀枪剑戟比锋利，也不如锤锏鞭的重击厉害，所以逐渐退居至比较次要的位置。而民间却因为看家护院的需要，更为看重这种拿来就能用的武器。南北朝时期，达摩祖师一苇渡江，抵达今河南嵩山一带，发现此处群山环抱，森林茂密，环境清幽，觉得这是一块难得的佛门净土，于是便将少林寺作为他落迹传教的道场，广集僧徒，首传禅宗。此时中国正值战乱年代，达摩在嵩山面壁九年，练成棍术一套，便传授给弟子，即所谓“棍扫一大片”的达摩棍法，后来民间流传一则棍法，云：

“迎风桥洞宾背剑，扭丝步分经摆腕，进一步拔草寻蛇，退一步云里拨灯。沉香劈华山死人腾床，杨家的提水枪能挡八方，把一钩护下腿青龙登天，稍一摆护定头白虎卧地。李存孝打虎势老人看田，搬拦棍迎门枪湘子吹笛，身一斜棍落地马跃龙潭，左一棍右一棍黑虎钻裆。鹞子入林往进混，此拳就叫达摩棍。”

当然这里已经混杂了太多戏说成分，如其中“沉香劈华山”系神话传说，杨家、李存孝更是后世历史人物，甚至达摩是不是真的会耍棍，都是大有可疑之事。

相对比较靠谱的是隋末唐初，王世充与李世民的唐郑之战，有少林僧人参与其中。据说在武德三年（620年），李世民战事不利之际，十三名少林武僧夜间攻入郑军大营，生擒大将王仁则，将其献给李世民。后来李世民登基为帝，便封赏给少林寺田地四十顷，水碾一具。甚至有一种说法，十三棍僧的首领昙宗还被封以大将军头衔——当然这个也就说说而已了。后来这事又进一步演绎为十三棍僧救唐王，拍成电影，更是距离史实千里之遥了。

少林武僧真正发挥作用，其实倒是在明朝抗击倭寇的战事中。嘉靖年间倭寇大举入侵中国东南沿海地区，一批少林僧兵便曾被派赴今天的江浙沪地区助力抗倭，以棍御敌，发挥了不小的作用。关于这件事，很多文献都有记载，譬如明朝不留姓名人物的著作《云间杂志》就说：“嘉靖癸丑，倭初至海上……按院蔡公可泉，召少林僧兵百余人，……傍贼结营。”明朝的浙江宁波人万表则在《海寇议》中说：“时值海寇出没，为江浙患……其后倭乱大起，万表结少林僧，习格斗法，屡歼其众。”清朝直隶永清人朱云锦撰写的《豫乘识小录》云：“明时倭寇作乱，总制胡宗宪始用少林僧兵。”

当时也有一些军官怀疑僧兵的棍法是否真的那么厉害，他们暗地里挑选了八名擅长使用铁棍的勇士对僧兵发起突然袭击，结果被僧兵轻松击败，由此镇服众人。嘉靖三十二年（1553年）倭寇侵犯杭州之际，“僧兵四十人御之”，结果大破倭寇。自此，鉴于棍僧的骁勇——官兵每临阵，辄用为前锋。而在战场上，他们所用的兵器，就是木棍，或是在棍的两端，包裹铁皮，箍上铁筋，即包铁棍，据说“运转便捷如竹杖”。这种包铁棍，文人便以为是铁棒。如明末清初的顾炎武写了一部《日知录》，其中便有一段少林僧兵的记载：“嘉靖中，少林僧月空受都督万表檄，御倭于淞江。其徒三十余人，自为部伍，持铁棒击杀倭甚众。”《云间杂志》还说一次战斗中一贼舞双刀而来，月空“坐不动，贼将至，身忽跃起，从贼顶过，以铁棍击碎贼首。于是诸贼气沮”。

但少林的棍法，还有另一个完全不同的说法。嘉靖四十年（1561年），与戚继光齐名的明朝抗倭名将俞大猷曾拜访少林寺，结果他所看到的少林棍法“已失古人真传”，也就是说根本没有什么杀伤力，反而是少林派出僧人向俞大猷及其部下学习，三年之后返回少林，其他僧人随之传习，这才形成了真正的少林棍。到万历年间，有一个安徽人到少林寺学艺，把所学少林棍法依势绘图并附文说明，作成《少林棍法阐宗》一书，传于江湖。“天下武术出少林”的真相，多少与此有关。

历史上还有一位与棍结缘的大人物，他就是北宋开国皇帝赵匡胤。《水浒传》引首有言，“（赵匡胤）一条杆棒等身齐，打四百军州都姓赵”。民间传说更是杜撰了许多故事，说赵匡胤二十一岁那年在京城御勾栏杀了南唐后主进献给皇帝的女乐，扮作军官模样离家避祸，那个时候他手里提的，就是一条蟠龙棒。后来他来到北京大名府，又用手里这条铁棍，大战恶霸董家五虎，由此演变出老北京花会的一个传统节目，称为“五虎棍”。后来他投奔郭威，也是凭借超群的棍术，获得一步步提拔，最终升为殿前都点检云云。

蔡京之子蔡绦在《铁围山丛谈》中说，他曾在皇宫中亲眼看到赵匡胤发迹前后使用的铁棒，而且棒上还留有痕迹——据说是由于赵匡胤平时抓握得太多，以至在棒身留下了十分清晰的抓痕。明朝何良臣的书里，也确实有讲到赵匡胤的“腾蛇棒”三十六路棍法，号称第一，可惜该棍法已失传。

如今流传甚广的三节棍，相传也和赵匡胤有关系。说是赵匡胤与人交手，木棍被对方打折，他心痛不已，上街散心，却看到一个壮汉使用农民打麦用的连枷，也颇有效用，于是回去之后就把折断的棍用铁环链接起来，据说这便是后世双节棍、三节棍的最初形态。

也正是这个缘故，在《水浒传》中，棍棒成为“上镜率”最高的武器。开篇第一个好汉，便是使棒的好手王进——

“那后生就空地当中，把一条棒使得风车儿似转，向王进道：‘你来！你来！怕的不算好汉！’王进……去枪架上拿了一条棒在手里，来到空地上，使个旗鼓。那后生看了一看，拿条棒滚将入来，径奔王进，王进托地拖了棒便走。那后生抡着棒又赶入来，王进回身，把棒望空地里劈将下来。那后生见棒劈来，用棒来隔。王进却不打下来，将棒一掣，却望后生怀里直搠将来。只一缴，那后生的棒丢在一边，扑地望后倒了。”

后文提棒的好汉更是不少。景阳冈武松打虎，兵器就是一根哨棒。很多读者问司马，所谓哨棒，有什么玄机，为什么加一个“哨”字。其实是这样的，当时山东一带，道上虎是少见的，狼却是极多的，所以过往客商，习惯带这样一根哨棒。妙处就在于，哨棒的一头是空心的，可以吹出一种龙吟虎啸的奇妙效果，狼群听到这种声音，就会怀疑是不是有什么别的猛兽在附近；而远处的其他人，听到哨声也会过来帮忙。

“豹子头”林冲，在书里是八十万禁军枪棒教头，他的棍棒自然也是使得极好。书里说他和洪教头的一场比武，柴进将一锭二十五两重的大银丢在地上，林冲把棒一横，还了个“拨草寻蛇”的招式。洪教头举起棒劈头打来，林冲往后一退。洪教头一棒落空，他一个踉跄，还没有站稳脚跟，就又提起了棒。林冲看他虽然气势汹汹，但脚步已乱，便抡起棒一扫，那棒直扫到他的小腿骨上。洪教头措手不及，“扑”一声倒在地上，棒也甩出老远。

此外如卢俊义，书里更是说他一身好武艺，棍棒天下无对。他的家仆“浪子”燕青，用的也是一根齐眉杆棒，这“齐眉”二字，说的是棍高以眉齐为度，舞动时可大蹦大跳，棍声呼啸，气势极为勇猛。

棍棒真正退出军事舞台一直要到火器时代。之后棍棒便成为一种民间武术运动的器械，除少林棍法和太祖棍法之外，还演变出青田棍、紫微棍、巴子棍等著名棍法。相传始创于杨五郎的五郎八卦棍法，是杨五郎在五台山出家为僧后，以枪化棍，把杨家枪法演变为棍法。后来又传到广东十虎黄麒英、黄飞鸿手里，融入南派武学功法精华，并由黄飞鸿的高徒林世荣发扬光大，成为了当下的五郎八卦棍法。

早期的棍法，主要侧重技击，未必好看，但实战性较强。到了后来，棍法越来越讲究姿势优美，讲玩花巧难度，有点像艺术体操和舞蹈，不再求实用，古人说这是“满片花草”，其实已经很不屑了。《水浒传》里的“九纹龙”史进，舞棍“使得风车儿似转”，就是这个意思——对于无事看闲的观众而言，这个当然值得叫好了！结果遇见有真功夫的王进，王进将棒子一收，朝史进胸口一戳，史进便倒了。

所以，单是一条木棍，中国人就玩出了这么多花样，演绎出如许故事，刀光剑影这五千年，可以说道的更是层出不穷。司马今天能写出这样一本书来，也就顺理成章了。

第二节
以父之名　上古时期最尊贵的兵刃

中国文字历经数千年演变至今，很多文字的原形本义已为大众所陌生。譬如“父亲”的“父”字，很少有人想过为什么要写成这个字形。直到郭沫若才提出：“父乃斧之初字。石器时代，男子持石斧以事操作，故孳乳为父母之父。”所谓“父”者，其实从最早的字形来看，就是一个父亲拿着一把斧头。

事实还真的就是如此，在史前部族时代，为人父者，主要的职责就是持斧早出晚回，砍伐木头是其一，狩猎是其二。

不过，斧头在人类社会的早期，并不是人人都能手持的武器，大多数人可能更适合拿木棍石棒，有资格拿斧头的人，不论是石斧还是青铜斧，都是这个部族里最有权威的。

也正是这个缘故，一个部落的族长，很多时候就是持斧者，因为他是众人的“父”。看“父”字的甲骨文形态，右为右手，左为石斧，合起来就是一个“父”字。

◎ “父”字甲骨文

当然后来为了区别，古人又另造一个“斧”字，专门用来指用于伐木的器具。而这个“斤”字，本义同样是一把斧头。所以你看现代文字，表示砍木劈柴这一概念的字，多数带着“斤”，譬如“斫”“斩”“析”等。

斧头可以砍伐树木，便更足以作为一种兵器、刑具。盘古开天时，拿来分开天地的便是一柄斧子。

也因为斧子代表着权威，造字者为了将其与普通的砍伐工具相区分，又特意造出一个“钺”字——《说文解字》有云：“车銮声也。从金戉声。”于是就有人解释说，斧的刃比钺要窄一些。钺的刃是弧形的，看上去就好似半个月亮——新月。近现代有一部《十八般武艺全书》，其中专门记载了两者的尺度差异，说“钺头较斧大之三分”，钺杆比斧杆约长五十厘米。此外，钺的背上还有钩或刺，这又与斧头不同。

不过，实际上钺就是尊贵版的斧头而已。斧头要么是石斧，要么是铁斧，但钺却有用黄铜做的豪华版，叫作“黄钺”。《史记》说，夏桀“为虐政淫荒”的时候，商汤就拿了一把钺，号召天下诸侯起兵。而到了周武王伐纣时，也是拿一把黄钺，斩了纣王的头颅，悬于太白旗上。

斧钺的第一个黄金时代是商周时期。陕西历史博物馆珍藏有现代出土的各种商周时期的青铜钺，从实物上看，这些青铜钺的特点，就是刃部弧曲宽阔，两角略微上翘。至于材料，则如《考工记》所载，大体上是两成锡配合八成铜。要说这些青铜钺的质地还真是说得上坚韧，做工也确实精良。但问题就是斧钺的形体实在笨重，运用到实战中去，一斧砍空，往往就意味着败局，所以远不如同一时期的戈、刀、矛在战场上的作用那么大。

河南安阳殷墟的妇好墓中，曾出土了两件大型青铜钺，刃宽约三百八十毫米，重量达九公斤，钺面上刻有女主人的名号。以史实论，妇好是殷商王武丁的妃子，同时也是商朝著名的勇猛女将，多次带兵出征。那么妇好有没有可能拿着这一对斧钺上阵杀敌呢？这个可能性还是比较低的，比较可信的还是拿来做一个权威的象征，类似后世的尚方宝剑。

斧钺的这种功能，可以追溯到距今一万年至四千年前，当时的古人，已经注意到采集玉石，然后将玉石打磨雕刻，制成所谓的玉斧。那个时代的玉斧，已经不是一种实用的工具或兵器，而是身份的象征，或是在祭祀时作为礼器使用。这种现象，在红山文化、良渚文化中都能看见。

而在商周之后，斧钺在历史上出现的次数曾一度急剧减少，虽然《三国演义》里编排了几个使斧头的名将，如徐晃、韩德。

前者出场是杨奉大怒，回顾阵中曰："公明何在？"一将（徐晃）手执大斧，飞骤骅骝，直取崔勇。两马相交，只一合，斩崔勇于马下。后者是夏侯楙在长安聚集诸路军马，时有西凉大将韩德，善使开山大斧，有万夫不当之勇，引西羌诸路兵八万到来。但这里要说的是，韩德基本上是纯属虚构；而徐晃，很大可能也根本不使斧头作为兵器，枪或刀的可能更大。

《隋唐演义》里的程咬金，绝招便是所谓"三板斧"，而且每次使用之前还要报出招数名称，因为记性不好，他一般是先说名字，然后才能想起招数。所谓第一斧劈脑袋，即用斧头从上往下砍；第二斧鬼剔牙，即在对方横武器招架时，收斧头，献斧纂，攻击对方面部；第三斧掏耳朵，即在二马错蹬时，回身横扫，由于对方前招为铁板桥，刚起身，很难躲闪。无论对方攻击不攻击他，程咬金都只会这三斧子。后来在秦琼的指点下，程咬金又自创了半招，于是便有人管他的招数叫"三斧子半"。

当然这个也是虚构成分居多，程咬金在历史上更多以程知节之名著称，用槊的可能性远大于用斧头。

历史上属于斧钺的第二个兴隆时期，是唐朝中后期直至宋朝。唐朝发生安史之乱，李唐这边有个大将叫作李嗣业，身高七尺，力大超群。他曾经带领三千步兵，与安禄山的北方骑兵在战场上遭遇，最后李嗣业获胜。他所依赖的兵器，据《新唐书》的记载，就是陌刀加上长柄的大斧头。

宋朝所面对的敌人，是北方游牧民族如契丹、女真，显然他们都以骑兵取胜。而斧钺，这里说的是长柄的斧钺，便发挥出了前所未有的独特优势。两宋之际，在岳飞成名之前，曾有一员猛将杀敌无数，让金人闻风丧胆，他便是人称“王夜叉”的王德。在一次与金兀术的对战之中，金人以铁骑列阵，而“王夜叉”则下令全军，手持一种特殊的兵器，向金军发起冲锋，冲到阵前也不言语，只管去砍对手的马腿，这种特殊兵器便是斧钺，结果是金兵大败。

《水浒传》小说中，也有使斧的英雄，如“黑旋风”李逵。《梁山泊好汉劫法场　白龙庙英雄小聚义》那一回里如是写道：“十字路口茶坊楼上，一个虎形黑大汉，脱得赤条条的，两只手握两把板斧，大吼一声，却似半天起个霹雳，从半空中跳将下来。手起斧落，早砍翻了两个行刑的刽子，便望监斩官马前砍将来。”

李逵使的是一双板斧，属于步兵作战用的短兵器，全称叫作短柄单双斧，形状扁宽，所以称之为板斧。《水浒传》里另有一个用长斧的好汉，那便是“急先锋”索超，他曾和杨志大战五十几个回合，不分胜负。索超的长斧斧身上有金饰，所以叫“金蘸斧”，既沉重又锋利。估计也是斧子分量太重的缘故，索超每次上阵都是急着当先厮杀，所以人称“急先锋”——早点打完收工了事，毕竟长斧头太沉了。

《西游记》中有一个巨灵神，是托塔李天王帐下的天神战将，他使用的兵器也是斧子，叫作“宣花板斧”，体型庞大，分量极重，但沉重的斧子在巨灵神手里却似凤凰穿花，灵巧无比。这个宣花斧，影视《西游记》里出现的是短斧，其实是一种长柄的斧钺。同一作品里的妖怪赛太岁，用的同是这一款兵器。小说《说唐》里，程咬金用的也是它。这些小说里的描写，虽是虚构，但斧头在宋朝曾风靡一时却是真的。这个时候既有长柄的斧钺，如开山斧、金蘸斧诸多名头，也有步兵所用的板斧。

当然斧头在战场上，更多还是一种特殊条件下的辅助兵器。宋朝历史上斧头最知名的一次现身，是在非战争场合，即宋太祖赵匡胤的皇宫大内。首先是史书不止一次地记载，赵匡胤曾因为大臣劝阻他做某事而光火，于是就拿起一柄叫作“柱斧”的斧头，一次打了御史张霭，结果是打落两颗牙齿；另一次是打了弹劾宰相赵普的大理寺丞雷德骧，依旧是“引柱斧击折其上腭二齿”。而最终，赵匡胤之死，也是所谓的“斧声烛影”。还有一种说法，说他是死在了弟弟赵光义的柱斧之下：宋开宝九年（976年）十月壬午夜，赵匡胤招晋王赵光义议事，左右不得闻。席间有人看见宫内烛影摇动，仿佛赵光义离座退避，又过片刻，听到斧子戳地击物的声音。当夜，太祖驾崩。

那么这里的“柱斧”，究竟是把什么样的斧头呢？其实就是一种水晶或玉制小斧，是朝官所用的一种礼器。宋朝皇帝还特别喜欢随身携带，早晚不离身。我们读《三国演义》，汉献帝赐给曹操的所谓九锡，便是“车马、衣服、乐则、朱户、纳陛、虎贲、斧钺、弓矢、秬鬯”，斧头也是其中之一，所以这个时候的斧头，确实是一件尊贵的帝王之物。古代重玉，玉斧更是尊贵之物，皇帝持此，既不失威严，又可代表皇权浩荡，实在是最好不过。

史上还常见大将出征之际，被授予一把斧钺的记录。这里便有一个专业名词，叫作“假黄钺”或“假节钺”，“假”就是暂时授予你使用、到期归还的意思，所以一旦被授予黄钺，大将的权力就极大，有点类似于后世电视剧里的尚方宝剑。不过，“假节钺”可比尚方宝剑厉害多了。前方将帅，一旦拥有“假节钺”的权力，基本上就视同于皇帝御驾亲征，不但可以随意斩杀触犯军令的士卒，还可以斩杀军中各个级别的将领。晋朝那会儿，还就这个权力专门划分了四个等级，最低为“假节”，战时可斩杀犯军令的普通人；“持节”，战时可斩杀犯军令的二千石以下官员；“使持节”，则把这个权限扩大到平时；最高级的便是“假节钺”，可杀拥有上述三种权力的人。

因此，斧钺虽然在历史长河的大多数时段绝非主角，但是你却不能否认它的尊贵地位。

第二章

商周　战车辚辚　修我甲兵

商周，是中国战争史的第一个阶段，其主要作战工具，便是战车。

在中国象棋中，最富战斗力的棋子，便是“車”，无论横线、竖线均可行走，只要无子阻拦，步数不受限制。一“車”同时至多可以控制十七个点，弈手界甚至有“一車十子寒”的说法——如此强大的“車”，在历史上对应的真实战斗武器，便是商周时期的战斗马车。

第一节
打仗靠走？ 先秦坐车才是主流

20世纪30年代，考古队在河南省安阳市殷墟曾发现战车残存的痕迹。为什么说仅仅是痕迹而不是战车呢？因为古战车的主体材料为木质，岁月长久，大部分已然腐烂，以当时的考古技术，甚至无法将其剥剔出来。一直到50年代，才由夏鼐先生率领的考古团队，成功剥剔出战国时期战车保留在泥土中的形态，完整再现了古车各个部位的形制和细部尺寸。之后，各地殷商墓葬不断被发现，大量遗迹为我们提供了丰富的研究资料，先秦古车的完整面目，终于得以清晰地展现在我们面前。

那么古战车究竟是何等模样呢？其实我们看一下甲骨文里的这个字是如何写的，答案就很清楚了。

◎ 商代甲骨文“车”

具体来讲，战士所在的部位叫作“舆”，即今天我们所讲的车厢，最早期应该是长方形，可容纳三人，分别为驭手、弓手、长戈手，后期慢慢演变为方形，最大可容四人；车的前方有一根曲木，用于驾驭马匹，后来演变为两根直木，称为“辕”。马匹数量起初为两匹，后期扩大至四匹乃至六匹。辕的后端压在车厢下的车轴上；前方则有一根起到平衡作用的横木，即所谓“衡”，两侧设“人”字形“轭”架在马身上。

那么车轮又是如何制造出来的呢？不得不说商周先民是如此聪明，他们通过古老的制轮方法即“煣”，使用明火，软化潮湿的木头，使之定型为圆弧状。成型之后的木头，即是优质的车轮。

商周战车的形制，古书如《考工记》，有较为详细的记载。而古墓中出土的战车亦可以验证这个结论，独辕、双轮，为基本模式。从商到周，战车的轨宽逐渐减小，车辕逐渐缩短，轮上辐条的数目则逐渐从十多根增多至二三十根，目的是提高战车的速度和灵活性，同时兼顾稳定性。

车轴是战车驰骋时急剧转动的关键部件。为防损坏，战国时期已开始在轴毂之间装置铁锏，以减少轴毂的摩擦。河南洛阳战国车马坑出土的实物，战车的铁锏为半筒形瓦状，每轮四块，均以铁钉固定在轴杆上。

而战车所配备的马匹，亦有专门的称呼。譬如豪华的四匹马配置，其中间的两匹叫作两“服”，用缚在衡上的轭驾在车辕两侧。左右两匹则称为两“骖”，用皮条系在车前。四匹马合起来，则叫作“驷”——顺便说一下，马是披有皮甲的，湖北战国墓中曾发现用来编缀马甲的甲片，而且还根据马的部位，有适合顶梁、鼻侧、面侧等不同位置的甲片，可以有效地保护驾车辕马的头、颈和躯干。

至于战车所使用的兵器，殷墟曾发现一辆战车车厢里存放有皮质圆筒形矢箙，即箭囊，内装十支配着铜质箭镞的利箭，旁边则有铜弓和铜戈。可以想象这就是车上人员使用的远近兵器。从位置来讲，车厢左方者的地位最高，主射，是一车之首；他的副手居右，也就是所谓戎右，主挥戈击刺；驭手则在他们中间，也携有一柄短剑护身。他们所穿的盔甲也有所不同，譬如戎右，因为要挥臂格斗，故只在肩部加有披膊；御者的职责是驾车，因此两臂披膊向下延伸，一直护到腕部，并且还接缀舌形护手，在颈部加有高高的“盆领”。此外，战车上还配备了皮制的大型盾牌，加缀青铜部件用于加固。车厢也有青铜护甲，钉装在外侧。

战车之上的射击，现在一般认为射手会采用跪姿进行瞄准射击，所以战车往往不会在此时全速冲击，平稳的速度更适合于射击，亦有利于步兵的协同掩护。而两车对冲之际，戈的作用就体现出来了，可以有效地钩中敌军戎右，并利用战车的速度将对方钩下战车，夺取战斗的胜利。

兵车时代，步兵被称为“徒兵”，一辆战车之后跟随的步兵，少则七人，多则十人，后来慢慢增加，到战国时期已经多达七十二人。《孙膑兵法》曾对战车与步兵的配备做过一番分析，认为影响战车使用的最主要因素就是地形。在平原地带，战车即使面对十倍的敌军步兵，也可以毫不犹豫地进行决战。所谓“易则利车，险则利徒。此击车之道也”，说的就是这个道理。

至于攻击路线，侧翼包抄或许更胜于正面的冲击，当然，这个在春秋礼战中并不多见。礼战时期，据说双方都会默契地朝左行驶，便于戎右与对方进行公平较量。而弓箭手也不会主动射击驭手，因为这样太不厚道，即便赢了也是胜之不武。

步兵原本是跟随在战车之后，但这一配置规则，在春秋一开场就被打破了。被称为“春秋第一战”的繻葛之战，周天子联合陈、蔡、卫三个诸侯国攻打郑国，当时郑国的应对方法是把每五名步兵组成一个单位，即所谓“伍”，分散安排到战车的左、右、后方，填补战车之间的空隙，相互掩护，协同作战，起到攻防自如的效果，而这种布阵方法，后来便演变为所谓“鱼丽阵”。结果，战斗一开始，郑国右军就将王师左翼的陈国军队打得溃不成军，而左军也将蔡、卫两国军队组成的右翼击败，周天子的中军陷入郑国三路夹攻，彻底失败。

发生在公元前589年的鞌之战，则保留了若干礼仪习惯。譬如晋国大将韩厥追赶齐顷公，为齐顷公驾车的邴夏认出他是个人物，让齐顷公射杀他。齐顷公却说射杀君子不符合礼，于是不射韩厥，却射杀了他身边的人，因其地位比较低，就是相对君子而言的小人，按礼可射杀。而稍后战局翻转，韩厥要追上齐顷公，担任齐顷公戎右的逢丑父，又和齐顷公调换了服装和位置，等到韩厥杀过来，他从容不迫地拿出一个水瓢，让戎右（齐顷公）下车给自己打水，顷公还傻乎乎真打来一瓢水，逄丑父只好说水太脏了，又让其下车去寻清水，于是齐顷公终于明白了逄丑父的用意，趁此机会逃之夭夭。而韩厥面对这一切，反应是完全遵守礼节，从容等待，给了齐国臣民充分表演的时间，最后将逄丑父当作齐顷公俘虏去见主将。主将郤克发现抓错人，反应也很淡定，他说："代君赴难的臣子，杀了不吉利。我赦免他，用来勉励尽忠国君的人吧。"就把逄丑父给放了。

类似礼仪，就连素来被中原视为野蛮的楚国人也严格遵守。发生在前597年的晋楚邲之战，晋军战败，楚军在后面追，结果晋军战车挤在一起，乱哄哄动弹不得，楚军非但没有趁乱杀上去，还教晋军把战车前面的木头去掉，这样就不挤了，跑路也方便了。结果过一会儿晋军又跑不动了，说是马没力气了，楚军再教晋军把旌旗扔掉，因为旗子招风阻力大。于是晋军感谢对手，你们真是有逃跑经验啊，我们自叹不如——把一场你死我活的大决战，搞得跟情景喜剧似的。这样的情节，也只有春秋才会有。

不过在春秋后期，就开始了车战模式向步战的转变。譬如晋国，在面对北方少数民族山戎的步兵攻击之际，考虑到战场是太行山区，干脆就放弃了战车编组，车上的甲士也成了步兵，与原来的步兵合在一起，组成了以前锋、后卫、左翼、右翼、前拒为编组的步兵方阵，其基本单位就是二十五人的小方阵，其中十五人为重甲步兵，就是原来的战车兵。

第二节
止戈为武　为战争代言的冷兵器

人类数千年历史，说到底无非五个字：“战争与和平”。当下衮衮诸公——早已习惯了在自媒体上要嘴皮子，发表各类不负责任、虚伪至极的好战言论，以获得大众的叫好打赏。可是别忘了，历史推进到20世纪50年代以后，方有了当下来之不易的和平，而在此之前，所谓战争，便是地球上不论大国小国都要顾虑的头等大事。

那么，古代中国人，将哪一件兵器与战争直接联系起来，并视之为战争之魂呢？关于这个问题，其实我们可以从中国文字的演变来回答。

◎ “战”字金文

诞生于战国晚期的金文“战”字——目前已然发现它的两种最早形态，其一便是左边一个“单”，如今我们推测它是一种长柄的狩猎工具。具体来讲，就是一种带杈的木棍，在丫杈两端和分杈处，各绑一块石头，用来增加分量。远古时期，我们的祖先，就是拿着这样一件简陋的东西，小则捕鸟，大则群体围攻如犀牛、大象之类的巨兽。“战”字还有另一种写法，左边是一个“兽”，这自然就是表示人类攻击的对象。

关于“武”字，大家熟识的一种讲法，叫作“止戈为武”，出自《左传》。公元前597年，当时的中国正值晋楚两强争霸的时代，而郑国便是南北争斗的焦点所在。楚国此时的国君楚庄王，发兵围郑，晋国自然要救援，于是双方大军在今天的河南郑州附近——当时叫作邲的地域交战。晋军将帅不和，以致分歧不断，于是楚军果断出击，击败对手，一雪四十一年前的城濮之耻。

也就是在这一战之后，当楚庄王威风凛凛地巡视战场之际，他的部下，当时颇有名望且号称楚国第二神射手的潘党提了一个建议，那就是把战场上所有的敌军尸体都收拢起来，筑一座“京观”。这里的“京观”，并不是有些人所望文生义的“京城大观园”，“京”的古义，就是高丘。上古时期，中原还有一种风俗，就是每次大战之后，必然要把杀死的敌军尸体垒起来，盖土夯实，堆成一座金字塔形的土堆。大家所熟悉的秦赵长平之战，史家说秦军将四十万赵军全部挖个坑活埋，其实古义中的“坑”并不一定是指活埋，更多情况，倒是在杀死敌军之后，将尸体堆在道路两旁，覆土以成小丘来显示军威。

面对潘党的提议，楚庄王的回答，却让所有人出乎意料。他说起了“武”字的字义，这个“武”字，拆开来便是左边一个“止”，右边一个“戈”，也就是“止戈为武”，只有以战止战，消弭战争，才能达到保大、定功、安民、和众、丰财的目的。所以最终，楚庄王只祭祀了河神，修建先君宗庙以报战绩，便班师回朝了。

历史对此事的记载是“夫武定功戢兵，故止戈为武”。但事实上这里是有误差的，楚庄王是南方人，他对源于中原的文字其实并不十分了解，“武”这个字，确实有一个“止”，但这个“止”的本义是指脚趾，也就是军队行动出发，开赴战场作战的意思，所谓“止戈为武”，其实只是一种借题发挥。

话归本题，不论是“战”，还是“武”，表示战争话题的诸多汉字，其实都离不开一个“戈”。为什么造字者要如此看重这件武器，几乎将它作为战争话题唯一的代表呢？

我们不妨来看一看“戈”！

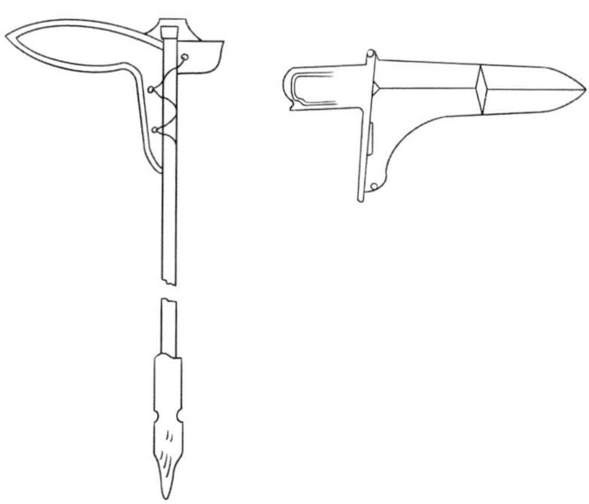

◎ 戈的结构示意图

戈是什么呢？它的前端和后世的绝大多数兵器都不一样，别的是尖刃，它却是平头，横刃前锋，垂直装柄。它的前端位置，是一把横向伸出的短刃，刃锋向内。也就是说，它的主要用法，一是横向打击，二是刀锋钩杀。还有一种附加攻击手段，就是用外刃来推杵，前锋顺势啄击对方。

有读者曾提出疑问，说他实在想不通，明明长矛长枪式的兵器，更专注于杀伤力，古人为什么会偏偏看重戈这样横向打击钩杀，想想就别扭的武器？

这种疑问，显然是忘却了当时的作战环境。戈这种兵器，适用于中国商周时期的兵车大作战。我们都知道，杜甫有诗云："车辚辚，马萧萧。"兵车高速行进的时候，你拿尖锐的长枪去扎敌人，准确度是很难把握的。可是戈，却可以在两车交错之际顺手一带，割杀敌人简直就像割草一样简单。

戈的源头是石器时代的石镰，我们的先辈，很可能是受到了石镰割草的启发，研发出了戈这样的放大版石镰，把割草变成了割人头。正是这个缘故，当初的造字者，鉴于戈的杀人威力，这才造出了大量与戈有关的字，除了之前已经提到的"武"和"战"，还有"戎""戍""或""成"等，我们在这里再举几个例子。譬如商代甲骨文"戎"，就是由"戈"和一个"十"字组成，而这个"十"字，一般就认为是盔甲或盾牌，也就是防御性武器。四条线组成一个框，将"戈"放在框中，即表示用武器守卫领地或城池，即后来的"国"。而一个"人"字和"戈"的组合，则变化出更多文字。如人在戈旁，用来表示持戈守卫，便是一个“戍”字；戈刃架在人颈上，则是一个“伐”字，表示用武器击杀，即攻击、征讨。

从仿生学的角度讲，戈的创意，很可能来自啄木鸟。古人或许观察到鸟类长年累月啄击树木以获得食物的习性，研制出这种由上而下啄刺的兵刃。正是在此基础上，商周时期出现了标准的戈，按其部位，我们称之为戈头、柄、铜镈三部分。

戈头，又分为援、内、胡三部分。戈的主要杀伤部是用来钩啄敌人的，称之为“援”。平出刃，上下两刃，前有尖锋，通体狭长，多数体中有脊棱，剖面呈扇菱形。“援”部的上刃和下刃向前弧收，聚成锐利的前锋。援的后尾，呈棒状的部分，用来安装木柄，称之为“内”。穿绳缚柄的孔，用来装柄。戈援下刃接近阑的弧曲下沿，并沿阑侧增升缚绳的穿孔，这部分称为“胡”。开始时，胡只是为了增加穿孔而设，胡越长穿孔越多，柄和戈头缚绑得更紧密，所以胡部就越来越长。两周时期将胡身加刃，增强了戈的钩割能力。胡的长度一般为戈刃的三倍，到了战国时期，胡的长度有所增加，成为长胡多穿式戈。至于戈柄的尾部，比较考究的会加一个铜制镈，大部分戈镈不具备杀伤力，不过也有少数安装上尖刺锋刃，显然不是为了装饰，而是为了倒刺杀敌，当然这个用途肯定不会在战场上经常使用。

殷商时代，可能是戈使用的第一个成熟时期。山东济南市博物馆收藏有一件商代銎内式错金目纹青铜戈，通长二十五厘米，一般手掌张开，拇指指头到小指指尖约二十二厘米，由此可以想象其大小。戈体宽厚，援部舌条状，呈等腰三角形，中间起脊，无胡无穿。这件戈，因为在援末与銎内相接处，正反面各有两个错金环形目状纹饰，所以叫作错金目纹戈。

在这个时期，由于戈存在头部会在战斗中脱落的问题，国人采用了三种不同造型的戈头：一是銎内，二是曲内，三是直内。辽宁省盖州市九垄地南窑村曾发现一件銎内啄戈，前锋狭长，尖端部圆钝，形若鹤嘴，銎呈椭圆形，中孔用以穿柄，尾部为扁长方形，素身无纹饰。河南安阳武官村北殷墟一期墓葬曾出土磬折曲内戈，曲内戈的特点是援和内之间没有明显的分界。而这两种戈，共同的缺点，就是容易脱落，这在战场上当然是个很严重的缺陷，所以最终流行款便只能是直内戈。青铜直内戈的显著特点，就是援的下刃向下作弧形延伸的部分，增加了戈头与柄结合部位的长度，可以把戈缚扎得更加牢固。克服了这一缺点之后，戈开始在战场上被大量使用。西周时期，在沿袭商朝传统的直内式样传统之上，为加强钩击效能，戈头与柄从最初的垂直相交，开始逐渐加大角度，改成大于九十度的钝角。

春秋时期，显然是戈的黄金时代。战车是当时最重要的大规模军事单位，一般是三个人一组，一人驾车，作战人员便是剩下的两人。他们一般携带两种武器，一是弓箭，用于远程攻击；而戈，便是中近程的主要作战工具。戈和后世的矛相比更占优势，矛往往只能一次性攻击，即一矛刺中，刺不中落空就一切完结，可是戈却能先划砍一次，再来个反手回砍。而且矛是一点式攻击，戈哪怕是仅仅钩住了敌人的革带甲片，如果使用者力气够大，在战车高速行进的条件下，甚至可以将对手一举扯摔下车，遭到战车附近步兵的围攻，就算没有步兵，单是马蹄车轮也够他受。

因为战场需要，车战用的戈越造越长，相应的短戈则交给步兵使用。河北省易县燕下都曾出土大量铸有燕王名的铜戈，湖南省长沙市浏城桥也出土过春秋晚期铜戈，其中最长的戈柄居然超过了三米，最短的则只有一米四。

正因如此，在车兵作战方法被淘汰之前，中国的“五兵”，即五种主要兵器是：戈、殳、戟、酋矛、夷矛。到战国中后期，秦国的军队仍然大量装备使用所谓“吕不韦戈”——出土于陕西省临潼县西杨村的“吕不韦戈”，在戈正面有篆字铭文十九字，内容为“五年，相邦吕不韦造，少府工室阾丞冉，工九，武库”。其中，“五年”显然说的是兵器的铸造时间，即秦王政五年；“相邦吕不韦造”是说武器的督造，是由秦国的最高行政长官相邦（汉朝因避讳刘邦之名，将相邦改为相国）吕不韦亲自负责的。相邦之下，则有工师、丞、工匠，三级管理。工师差不多就是今天的兵工厂厂长，丞就是车间主任，而工匠就是一手责任人，一旦发现问题便要逐级追究，你晓得的——轻则砍手砍脚，重则处死！

戈在秦灭六国，以及稍后的楚汉战争中，发挥了主力兵器的作用。到了汉代，戈一度还是主流长兵刃，但因为铁兵器的大规模使用，容易脱落戈头的戈，终于被铁矛、铁戟逐渐取代。所以最终，戈成为一件仪仗用器，在各种仪式大典之上，偶尔展示它的荣光。除此之外，便是在古人的诗文里出现。直到大唐的李世民，诗句里还吟诵着："昔年怀壮气，提戈初仗节。心随朗日高，志与秋霜洁。"这里的戈，泛指长柄的兵器，并作为一种壮士的怀古寄托而存在。

第三节
百兵之君　剑在战场上的黄金时代

20世纪60年代初，湖北省的江陵地区，也就是春秋战国时期的南霸天楚国王都郢都所在地域，因为连续两年的旱灾，地方政府打算从附近的漳河修一条水渠过来，灌溉此处的农田。然而当水渠挖至江陵城北郢都的遗址附近（这一区域在纪山之南，古人一般称之为纪南城），却发现了与众不同的疏松土质——这种土质往往意味着这里有故事，于是考古工作者火速赶来，经过勘测，发现了整整一大片古墓群。

随即，考古工作者在古墓内，发现了一把装在漆木剑鞘内的青铜剑，剑长五十五点七厘米，剑身上布满了规则的黑色菱形暗格花纹，剑格正面镶有蓝色琉璃，背面镶有绿松石。剑身正面近格处有八个鸟篆铭文，考古工作者当场认出为“越王某某自作用剑”。

那么问题来了，某某是谁呢？大家都不认识这两个篆字，只能做成文字拓片，邮寄给古文字研究的专家。随后，《中国文字学》作者唐兰得出答案，这两个字是——鸠浅！

就是吴越争霸的主角——越王勾践！

勾践的剑，为什么会出现在距离越国都城那么遥远的楚国都城？要知道，勾践时期，越国都城原本在今天的浙江绍兴，当时称会稽；后来北迁至今天的江苏连云港市锦屏山，古称琅玡。不论是绍兴还是连云港，离江陵都不是两百块钱汽油能解决的事。所以目前大家一般都认为，这把剑要么是楚越联姻之际，越国公主带来的嫁妆；要么就是楚国灭越之后缴获的战利品，而它的结局，便是成为随葬品。

剑，在中国的出现，考古上可以追溯到早商时期。在内蒙古自治区伊金霍洛旗朱开沟遗址出土的鄂尔多斯直柄匕首式青铜短剑，被认为是中国迄今所知最早的青铜剑。而文献传说中所说的中国第一把剑，是轩辕黄帝“采首山之铜铸剑”。大体上，我们还是以考古为准。

和戈这样的大规模杀伤性武器不同，剑在那个时代，是士以上阶层的必备之物。战国时期的冯谖，起初食无鱼、出无车，却有一把长剑，虽然不砍人，却总是拿着倚门弹剑哼歌；秦汉之际的韩信，连饭都吃不起，也依然保留着他的那把长剑。像秦琼卖马、杨志卖刀那种事，也只有后世人才干得出来。

为什么会这样呢？因为剑和其他兵器不同，斧头、大刀、弓箭固然可以做兵器，平日里却也可以用来打打猎、切切肉、劈劈柴；可是剑却不然，剑的铸造成本高于刀斧，用途却仅有作战而已。也正是这个缘故，一个人身上有一把刀不稀奇，有一把剑却足以证明他的与众不同，几乎就是高贵身份的代言。

那么一把青铜剑又是如何铸造出来的呢？从目前看来，大部分铜剑在铸造时都采用了同一种铸造方法，即范铸法。先用泥土塑造出铜剑的基本形状；然后在制好的泥模上画出铜剑纹饰的轮廓，凹陷部分直接从泥模上刻出，凸起部分则另外制好后贴在泥模表面；接着用事先调和均匀的细质泥土紧紧按贴在泥模表面，拍打后使泥模的外形和纹饰反印在泥片上；最后将翻好的泥片划成数块，取下后烧成陶质，这样的范坚硬不易变形，称为陶范。将陶范拼合形成器物外腔，称为外范。外范制成后，将翻范用的泥模均匀削去一薄层，制成器物的内表面，称为内范，铜剑的铭文就刻在内范上。将内外范合成一体，内外范之间削出的空隙即为铜液留存的地方，两者的间距就是青铜剑的厚度。继而将铜液注入陶范，待铜液凝固后，将内外陶范打碎，取出所铸铜剑。最后便是打磨整修，使之精致化。

对于当时而言，剑这种兵器，因为两边都开了刃，有着笔直的剑身和尖锐的剑尖，舞动时向正反两边施展都具有杀伤力；用剑尖攻击，甚至可以穿透当时尚未升级换代的甲胄。古人称之为“凶险异常，生而为杀”，看来绝非夸张。

剑的初期形态，比较接近今天的匕首。譬如著名的鱼肠剑，小巧得能够藏身于鱼腹之中。《史记》中说公子光请吴王僚吃酒，酒酣之际，专诸把剑藏在鱼炙的腹中就进来了。专诸到了吴王僚面前，假装分鱼，就把这剑刺向了谋杀对象——有人说鱼肠剑其实不短，但是细长柔韧，能够沿鱼口插入，在鱼的胃肠中曲折弯转，而抽出时则恢复原形。但现实中能做到这种柔韧度的可能性不大，一是这样的软剑很容易被发觉；二是挥刺也不够有力，恐怕难以在瞬间杀死对手。

鱼肠剑的铸造师是越人欧冶子——欧是越人姓氏，至汉代尚有瓯越国，后世逐渐演变为复姓欧阳，所以西毒欧阳锋倘若非虚构，他的先人应该是江浙、福建一带出身，迁徙至西域白驼山才对。欧冶子铸造的剑，在史上有名可查的，除鱼肠之外，分别是湛卢、巨阙、胜邪、纯钧、七星龙渊、泰阿、工布，伍子胥和文种相传都死在工布剑下，泰阿剑则是楚昭王的御用剑。至于湛卢剑，号称当时的天下第一剑。《东周列国志》说吴王阖闾获得了此剑，视为至宝，某日宝剑却神秘消失，不久之后居然在楚王这边出现，于是吴国开始策划伐楚。这把湛卢剑号称“头发及锋而逝，铁近刃如泥”，所以后来便成了古人诗词文章里宝剑的代名词。

当然这其实是一种文人的夸张，青铜剑铸得再好，也不可能超越铁剑。到秦汉以后，剑事实上就淡出了战场，甚至在民间的单挑中，剑也不如刀，所以剑更多成为一种礼仪之物，譬如文弱书生喜欢提一把剑表示自己不是纯读背，而是文武双全；道教法师，如司马的玄祖，晚清民国时期的正一道法师，拿剑来做法器，那就是另一回事了。

商周时期，青铜剑在战场上还能派上一些用场，主要是负责最后的近战。在同一时期的古希腊、罗马，青铜短剑曾锋芒毕露，作为步兵的必备武器。步兵先长矛突刺，再剑盾对决，几乎成为当时战场的主要程序。但是科技发展了，特别是盔甲不再薄且脆，这就注定了剑这种兵刃的退场。至于中国这边，到了汉朝，骑兵大量出现在战场之上，砍斫从此成为主流，劈刺几乎没有操作可能，剑仅存的一点战场价值，也完全被环柄刀所取代。

于是到了唐代，剑就彻底成为一种文艺范的道具。譬如舞蹈，拿根绸带跳舞和拿把剑跳舞就完全不同。杜甫曾描述过他那个时代的顶级剑舞表演艺术家公孙大娘："昔有佳人公孙氏，一舞剑器动四方。观者如山色沮丧，天地为之久低昂。霍如羿射九日落，矫如群帝骖龙翔；来如雷霆收震怒，罢如江海凝清光。"到宋代，宋太宗挑选几百个士兵，教他们舞剑，把剑扔到空中，然后跃身而起接住它——这种跳掷承接、霜锋雪刃、飞舞满空的花样，其实说白了就是套路表演，属于杂技范畴，与当年的实战格斗相比，已然有了根本性的区别。难不成女真人打过来，你跳一段剑舞，金兀术就能被你吓退？

但或许就是因为实用性不复存在，剑反而成了文人眼里的"百兵之君"，而实用性最高的长枪，却被叫作"百兵之贼"。

第四节
远程攻击　养由基的箭，用什么样的弓来射出？

20世纪60年代，山西朔县的峙峪遗址中出土了一批石镞，经放射性碳素测定，其年代为距今两万八千九百多年前，这便是目前所知最早的箭。

2002年，浙江杭州萧山跨湖桥遗址，考古工作者在清理一处墓穴之际，发现土层中有泛红物件，随后发现这是一张弓，而且是一把红漆木弓，弓身采用桑木边材制作，制作年代距今约八千年。随后，这把弓被认定为目前为止中国最早的弓。

弓箭的出现，是人类文明史上跨时代的重大事件。此前，原始人还只能利用打制石块以及削尖的木棒向猎物发动攻击，投掷距离和准确度都极为有限。然而就在此时，有人发现木棍受到外力会弯曲变形成一个凹凸形，而一旦力量突然消失，就会产生极大的弹力。受此启发，这些聪慧的先行者，就找来一些弹性较好的竹木，用坚韧的弦弯曲固定，而这，便是世界上第一把弓。

关于这项发明，古人归功于史前大神少昊的儿子挥，说发明弓箭的人，就是他。他的后裔，便以“长”“弓”二字组合作为自己的姓氏，即今天的张姓。而挥，也成为华夏部落联盟第一任弓正，即掌管弓箭制造的官员。

当然这个传说的味道比较浓厚，但是考古发现证明弓箭确实出现在新旧石器时代的交替时期，而且最早出现在以狩猎为主的原始氏族部落，这一点也恰好符合黄帝有熊氏的特征。早期的华夏部落联盟，正是一个兼具农业（炎）与狩猎（黄）两大特征的组织。

弓箭出现之后，对战拥有强大武力的蚩尤等部落，黄帝便有了不可阻挡的大规模杀伤性武器，最终蚩尤族战败，不得不一步步向南方撤退。

弓箭在商周时期，通常会被列为最重要的武器。尤其是贵族公卿大夫子弟，学射箭就跟今天国人学数学一样重要。不但是士大夫，就连普通人家，哪家生个男孩，门口也要挂一张弓，期待男孩长大后，勇武有力，能使弓，善骑射。

成书于汉代的《礼记》，素来被认为是研究先秦社会的重要资料。书中有专门一个章节，叫作《射义》，把射箭这件事列为“仁之道也”。当时的中国，有周天子和诸侯祭祀前选择参加祭祀人而举行的射祀，号称“大射”；也有诸侯相会时举行的射礼，唤作“宾射”；平日里举行的射礼，则叫作“燕射”；地方上推举贤士，还会举行“乡射”，由此形成一套关于射箭的专门程序，叫作“射礼”。地方上的乡射礼，往往会选择六名德才兼备的学子，配成三组，举行“三番射”比赛，而后根据射击的成绩，分出胜负。

也是这个缘故，春秋时期，不论文臣武将，都擅长射箭。就拿儒家学说的创始人孔子来讲，他一拿起弓，据说来现场观摩的看客就围成一道厚厚的人墙。而且如何能箭无虚发、射中靶心，孔子也有自己的理论，说：“射者何以射？何以听？循声而发，发而不失正鹄者，其唯贤者乎！若夫不肖之人，则彼将安能以中？”意思就是射箭该怎样射，关键在于听，遵循声音而射出箭支，就能箭箭中靶心。而这又与做人有关，不正派的人，如何能将箭射中呢？当然这就是文人的发挥了。

那个时代真正的神射手，还得数楚国人养由基。楚庄王曾张榜招贤，征求能在箭术上与令尹——楚国的权臣斗越椒一争高下的人，结果两人互射三箭，斗越椒三箭不中，养由基却一箭搞定，从此人送外号“养一箭”。晋楚鄢陵之战，楚共王被晋军将领吕锜射中眼睛，他拿两支箭给养由基，让他为自己报仇，结果养由基仅用一箭，就完成了使命。所以当时便有个故事，说楚王的园林闯进来一只白猿，楚王的手下用箭射它，全被它接住，还哈哈大笑。等到养由基来了，白猿知道厉害，便抱着树木号哭起来。

此时中国最流行的弓，是一种反曲弓，因为用牛羊角做弓腹，取其耐压，所以称之为角弓。此外，以牛的筋腱做弓背，用竹、木做弓架，用胶合和，缠丝加固，大漆防潮，终成一体。这是一种复合材料弓，可以做得相对短小，但仍然保持长弓的那种拉感、拉距和拉力，同时更为坚固，其综合性能要远远高于竹、木等材质的单体弓。

齐国的《考工记》，详细描述了弓与箭的选材与制造工艺流程，譬如选材，所谓“六材既聚，巧者合之”，哪六材呢？即干、角、筋、胶、丝和漆。其中又说，干的原材料，以柘木最好，竹子最差。选角呢，也要选长二尺五寸，且角的根部白、中部青、端部丰满，这样的一对好牛角，抵得上一头普通牛的价格。而所谓胶，就是用来黏合干材和角筋的动物胶，当时有鹿胶、马胶、牛胶、鼠胶、鱼胶、犀胶六种，把兽皮和动物组织如肌腔，放在水里滚煮，或加少量石灰碱，然后过滤、蒸浓而成。据说其中又以鱼组织，特别是腭内皮和鱼膘制得的鱼胶最为优良。

当时工匠做一把弓，可不是三天半月可以搞定的。一般而言，工匠要在第一年的冬天将完全干透的弓干削制成型；春天将牛角制成大小合适的块；夏天将筋梳理成型，再经酒蒸、锤打、拧紧、手撕，使之不再收缩成为细条；秋天在弓干的外侧粘贴筋丝，在弓干的内侧贴上角。第二年冬天，把丝精细地缠绕在弓节上，到这一年极寒的时候上漆。第三年春天，挂上弦，再藏置一年，一张良弓方才宣告完成。

正因如此，春秋时期，不论王侯将相，对良弓都很看重。楚灵王曾经有一次，喝多了几杯，慷慨地解下楚国宝弓“大屈”送给鲁国国君，结果酒一醒他就后悔了，不顾颜面，派人把弓从鲁君那里讨要回来。

至于射法，当时东西方大体有胡法和汉法两种。胡法即地中海式射法。中国的复合弓，需用一个拇指拉弦，食指和中指压住拇指。而西方人用的是单体弓，角度较大，需用多个手指拉弓。不过，不论用几个手指，都需要指环来保护手指，所以中国人很早便发明了世界上最早的指环，商朝著名的女将军妇好墓中，便出土了这种物件。这种指环的形式，在今天更多是以情人信物的形式出现，即所谓戒指，那便是与本书内容无关的另一个课题了。

第五节
皮或青铜　箭刺长空，能用什么防身？

攻击武器越来越锋利，必然带来防御装备的不断提升。在人类最初的部落战争年代，参战者往往只穿件兽皮，要提升防御能力，自然就要在这张皮之上做文章。《释文·释兵》所言"甲，似物有孚甲以自卫也"就是这个道理。

神话传说里的蚩尤造甲我们就不说了，比较靠谱的还得到河南安阳殷墟去找，这里曾经出土一件皮甲残迹，请注意，是残迹，因为皮甲本身早已经腐烂得什么也不剩，可是土层之上，多少还能看到一点皮甲的颜色和纹理，研究者就是根据这些凭证，推测出当年皮甲的模样。

20世纪70年代末，湖北的曾侯乙墓也发现了一些皮甲——依旧是皮甲的痕迹，但是因为数量比较多，研究也更为充分一些。在这里发现了楚甲、吴甲，还有给战马专用的马皮甲，从这些发现，我们大致可以推测出当时皮甲的基本三大组件，即身甲、甲裙和甲袖，每个组件都由若干甲片编缀而成。由此进一步推理出皮甲的制作过程，是先将皮革做初步加工，然后切割成大小不等的甲片；进而根据身体各部分的形状、尺寸，以细皮条将这些甲片编织在一起，成为胸甲、肩甲等不同组件；最后涂上油漆，以黑漆、红漆为主，出来的便是一件完整的皮甲。

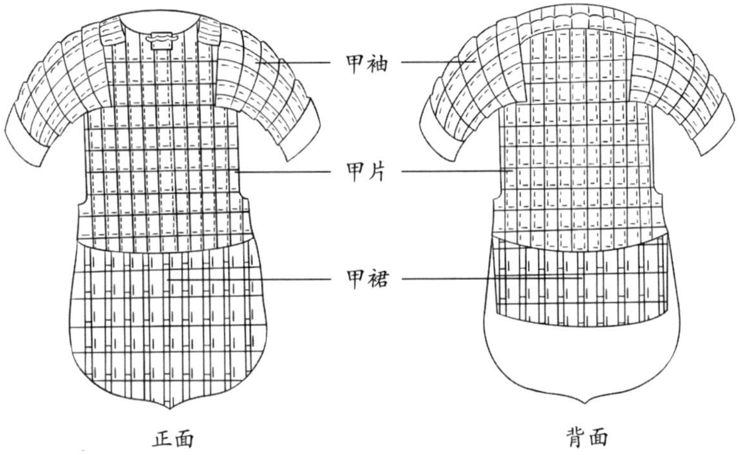

◎ 皮甲示意图

商周时期，专业造甲人有一个特殊名称——函人。《周礼·考工记·函人》说："函人为甲。"此篇又说："凡为甲，必先为容，然后制革。"当时的盔甲，很可能以定制为主，而非统一规格。造一件甲，必须先丈量穿甲人的身体各部位尺寸，而后为其打造一件正正好好的盔甲。

至于选用什么皮来制作盔甲呢？首先是上等的犀牛皮，古书里一般叫作“兕皮”。“兕”可能是一种独角犀牛，或是独角野牛，但前者更为正宗。《周礼·考工记·函人》记载：“犀甲寿百年，兕甲寿二百年，合甲寿三百年。”这句话的意思是说，兕甲的保质期限是两百年，犀牛皮甲就只有一百年，但是如果能把两种兽皮合起来缝制，就能延长至三百年。这个说法有没有道理？合成牛皮为什么那么厉害？恐怕要请专家来解释了。有些国家还会用一些特殊材料，那就更名贵了。譬如南方的楚国，会把鲨鱼皮和犀牛皮合在一起做甲。《荀子》对此评价很高：“楚人鲛革犀兕以为甲，鞈如金石。”

虽然南方的材料比较丰富，但春秋战国时期最厉害的造甲师傅却不在吴国、楚国，而在燕国。奇妙的是，别的国家都有函人这个职业，《考工记》却说：“燕无函。”事实上燕国不是没有函人，而是人人都是函人。汉代大文人郑玄解释说，这是因为“燕近强胡，习作甲胄”。想想也有几分道理，燕国南有齐赵、北有胡人，没什么可依靠，只能把盔甲做得扎实一些好保护自己。

古文里有不少涉及盔甲的文字，《尚书》中就有这么一段：“嗟！人无哗，听命。徂兹淮夷、徐戎并兴。善敹乃甲胄，敿乃干，无敢不吊。”翻译一下就是让大家不要喧哗，好好听命令，淮夷和徐戎现在都起来造反了，缝好你们的皮革盔甲，不要脱落，系连你们的盾牌，要打仗啰！

盔甲如此重要，自然要有专门负责这方面事务的人员安排，

《周礼》说有，那就是“司甲，下大夫二人，中士八人”。那个时候，甲因为制作成本高，成了一种财富。齐国的管仲，就曾跟他的老板齐桓公提议，犯轻罪的人，可以不坐牢、不杀头，缴纳铠甲做惩罚就可以了。这个办法，后来的秦国也照搬了，譬如宫殿宿卫的武士，一旦发现擅自离岗，罚甲二领！

皮甲不能说不好，关键是有一个问题，犀牛、野牛这种厚皮的动物，毕竟是有数的，古文有云“被练三千”“带甲十万”，得杀多少头犀牛？难怪没多久犀牛就在黄河流域绝迹了，稍后在长江流域也越来越少了。

所以古人就打起了其他物件的主意。1998年，秦始皇陵里居然发现了石头做的铠甲。一件石铠，由六百一十二块小型甲片组成，分为领、肩、前后身、腰、左右披膊等不同部件。甲片表面微微向外鼓起，形成一定的弧度。甲片之间以扁铜丝相互连缀，形成一副完整的铠甲。而石胄呢，由一块顶片和七十三块不同形制的侧片组成，上片压下片、前片压后片，以扁铜丝相连，最下层甲片外翻，与身体紧密贴合。士兵戴在头上之后，仅有双眼和鼻子等一小块地方外露，其他部位都会被严严实实包裹起来。

这样的石头盔甲，究竟是墓葬专用，还是实战兼有？目前看来，前者的可能性比较大，石甲虽然成本低廉，可是太过沉重，难以运用到实战中去。西周初期，还曾出现过一种以缣帛夹厚绵制作的练甲，但防护力太低。绵甲真正登上历史舞台，要到明朝火器兴起之后。

身披皮甲、头戴金盔，曾是一个时期各国军队的首选。金属从这时起开始运用到盔甲领域，但是长期以来，都没有发现过青铜盔甲的实物。直到2013年，在陕西宝鸡石鼓山一批长期与周人世为姻亲的姜戎族墓葬中，发现了整体式的青铜胸甲、胫甲。但是总体而言，春秋时期使用青铜甲的，确实比较少。皮甲之后，便迅速进入了铁甲时代。尤其是战国时期，冶铁技术的大幅度提升，使大规模造甲成为可能，中国的战场，终于全面进入金属时代。

实战之中另一项颇为有效的防御道具，则是盾。很多人被颂秦题材的影视剧误导，以为秦军真的是“左挈人头，右挟生虏”，意思是左手抓着斩下来的敌军首级，右手挟持生擒的俘虏——两个手都占全了，哪里还有手持盾呢？

实际上，这种文人自以为得意的夸张写法，是对战争实情的歪曲。尤其是《战国策》这种，故意说得对比悬殊，可信度很低：“山东之士被甲蒙胄以会战，秦人捐甲徒裼以趋敌。”描绘秦军脱去甲胄、舍弃盾牌，光着膀子就往前冲，这让一些读者看着觉得很过瘾，可只要多一点思考，你就知道这事太不靠谱了。哪怕是在冷兵器时代，自己的命，也比什么王朝的荣耀、将军的功勋来得更为重要，就算秦军有一部分不要命的疯子和傻子，也不可能十万大军全部都是这样。

我们从秦始皇兵马俑的考古来看，就会清晰地发现这个问题的荒谬。20世纪80年代初，秦始皇陵封土西侧曾出土两乘铜车马，除了剑弩之类的常规武器之外，便有一面双弧盾，盾面图案为彩绘流云纹。后来，更在陶俑的下方，发现了一块相对完整的皮盾——应该是俑坑遭遇火烧，兵马俑倒地压住了这块盾牌，下面又堆积着淤泥所致。盾的图案、形制，则与铜车马上的双弧盾几乎一致。事实上，秦军勇猛，却不傻。兵马俑坑和石盔甲坑中出土的陶制塑像与石质盔甲模型，都表明秦军拥有着护身盔甲。而盾牌同样是他们必不可少的防护道具。

中国最早的盾牌，应该和盔甲一样，也是皮制。明朝浙江人董说的《七国考订补》有这样一句话："赵简子围卫之郛郭，犀楯犀橹，立于矢石之所不及。"这里的犀楯，应该就是犀牛皮做的皮盾。在战国时代，盾牌已经成为作战必备品，如《战国策》所言："坚甲、盾、鍪（头盔）……无不毕具。"这里的盾，就是排在甲之后的第二防护用品，重要性甚至超过了头盔。

而就形制而言，最早一批盾，使用于商周时期，应该是长方形或梯形盾牌，到东周的春秋战国，开始出现前文我们所讲的双弧盾。河南殷墟侯家庄的墓葬中出土的盾，就是上底略窄于下底的梯形，上面绘有龙虎纹图案。湖南长沙的楚墓一木盾，就是对称双弧形，背面的把手也颇为完整地保留下来。

1976年，云梦睡虎地秦墓出土了一面武士斗兽纹青铜镜，上面所绘制的图案给了我们惊喜。其右边是一只虎豹类猛兽，重点在左边的武士，他右手持剑，左手则明显是拿着一面盾牌，而且盾牌的样式，就是我们之前讲的双弧形。这种颇有艺术感的盾牌，应该是秦汉时期的主流盾牌。《史记》里樊哙用来撞倒项羽的卫士，冲进军门，随后又拿来覆盖在地做大口吃肉的餐盘，应该也是这种双弧形盾牌。

一直到东汉末年，这种看上去尺寸颇为巨大的双弧形盾牌仍在战场上有不少亮相的机会。譬如被《三国演义》故意忽略，但《三国志》和《资治通鉴》中都有详细记载的界桥之战。当时公孙瓒见袁绍兵少，就利用优势骑兵发起冲锋，结果此时袁绍一方的大将是西北人麹义，他是懂骑兵的人，自然也知晓如何克制骑兵，所以他下令本方士兵，将手中的双弧形盾牌竖起，人则俯伏其下，待敌骑冲到只距离几十步的地方，一齐跳跃而起……《三国演义》为了突出赵云，将麹义这位英雄人物描绘成“战不数合，被赵云一枪刺于马下”，实在是让人无话可说。

此后盾牌有一个相对的低潮期，应该是面对骑兵战术时感到束手无策。直到宋代，圆形的盾牌终于兴起，并成为主流，而这种圆盾，往往又称为团牌。《水浒传》中有个“八臂哪吒”项充，又有个“飞天大圣”李衮，两者都会使团牌，区别在于一个是团牌上背插二十四把飞刀，一个是背插二十四把标枪，共同点是都百步取人，无有不中。这种团牌，一直使用到明清，戚家军的鸳鸯阵里便有它，清军一直到英国人入侵，都还在用这个。

就材质而言，此时的盾牌，除了金属盾牌之外，还出现了颇具特色的藤牌。藤牌也是圆形，中心凸出，周檐高起，牌内用藤条编成上下两环，以容手臂执持。这种藤牌最早出产于福建，明代中叶才传入内地。制作时要采集山上老粗藤，编成圆盘，圆径约三尺，重不过九斤。因为使用轻便，且藤本身又坚硬而富有伸缩性，不易被兵器砍射破入，所以即便是到了鸟铳时代，也非常盛行，以至于清朝文人写的《广阳杂记》居然说：“持藤牌而舞，辟易万夫，前跃八尺，后退一丈，不可敌也。”

尾　声
武卒秦俑　秦国其实是魏国最好的徒弟

公元前5世纪，中国已经进入战国时代。当时位居中原的魏国，将用兵矛头指向西方的秦国。公元前409年，由吴起担任主将的魏国步兵，一举攻取秦国的临晋（今山西运城市临猗县临晋镇）、元里（今陕西澄城县南）两块地盘并修筑城池。第二年，魏军又深入秦国国土，一直打到郑县——今天陕西省渭南市华州区华州街道附近。为什么当时叫郑县呢？因为这里是郑国初封的土地，后来郑国东迁，才搬家到了位于河南的新郑。这个时候，我们印象中强势的虎狼之秦，却只能如刺猬一般竖起全身的刺以求自保，秦兵溃退至洛水，沿河修建防御工事。

《吴子》称吴起在河西期间，“与诸侯大战七十六，全胜六十四，余则钧解。辟土四面，拓地千里，皆起之功也”。吴起为什么能如此暴打秦国？背后原因，除了他本身的军事才能之外，还有一个重要的因素，就是他带领的军队，是魏国最精锐的兵，叫作武卒！

武卒是什么呢？和我们之前说的战车兵团完全不同的是，这是一支单军种的步兵作战部队。关于这支军队，《荀子》介绍说，他们身上穿着三层甲，每个人都能拉开十二石的弩——你要知道一石就是六十公斤，这是不是太夸张了？更何况，他们还要带五十支箭，拿着一支大铁戈，腰里别着一把利剑，还有三天的军粮，半天能走一百里路。

老实说这些数据让人觉得有点不可信，要说荀况也是上过历史教科书的大人物，说话咋这么天方夜谭呢？不过仔细一想，魏国的武卒是战国初期天下第一的强悍精兵，战斗力首屈一指，体力超乎寻常是不是也能理解？

那么这么厉害的军队，又是怎么样的编制呢？最小的编组就是五个人（类似现在的班），不过带队的不叫班长，而叫伍长。两个伍就是一个什，设有什长（相当于排长）。五个什是一个屯，设有屯长（相当于连长）。两个屯就是一个百，领导叫百将（相当于营长）。十个百，那就是一千人，领导叫“二五百主”（相当于团长）。真的打仗的时候，再设一人做将军，即总指挥。

这种编排，与往昔最大的不同，就在于步兵不再是战争的次要角色，而是完全的主角。当然，当主角不是随随便便就可以的，吴起还为他们配备了军事教练，这也是史上第一次，有句话说：“一人学成，教成十人；十人学成，教成百人……万人学成，教成三军。”所以上战场之际，这样的部队就和他们的对手素质完全不同。

要求这么严格，薪水待遇自然也相应地优厚。只要你成为魏国的武卒，就能获得一百亩的土地；而且一旦上战场，全家的徭役和田宅税就可以统统免除；如果建了军功，还能获得更高一级的爵位，待遇更为优厚。

所以魏武卒在战国初期，简直就是无敌的存在。公元前389年的阴晋之战，五万魏武卒，一举击破号称五十万的秦国大军。虽然这场战役仅在《吴子》一书中出现，后世《史记》没有采用，可是你说吴起纯就是自吹自擂，那也未必。他一生在魏则魏强，在楚则楚兴，没有两把刷子，哪里来的这样傲人的成就？

可惜的是，这样厉害的魏武卒，最终断送在庞涓手里。桂陵和马陵的两场惨败，尤其是后者，造成了十万精兵的覆灭，宣告了魏国的“中神通”时代走向终结。

魏武卒，是步兵的雄起。而赵国的胡服骑射，毫无疑问是骑兵的1.0时代。

当然，这里还是得先说一句，骑兵这个兵种，很早就出现了。殷墟中就有一人一马和随身武器装备的骑士坑，而春秋时期的秦国，也有所谓“畴骑”这样一支轻骑兵的存在。但是司马同样要告诉你们的是，无论是殷商的一人一马，还是秦国的畴骑，都没有发挥过太大的作用，更无法取代当时的战车主流作战方式。

而赵国就不同了，它的北部边疆，面对的是胡人游牧骑兵的反复袭扰。正因为注意到胡人骑兵的极大机动性，赵武灵王认识到中原人原来生活方式的一些问题。譬如说穿着问题，长袍宽袖在和平年代可以从容淡定，可是战争时刻，哪里有短装胡服来得方便？又譬如说战车问题，轰隆隆带着轮子在大道上奔驰的战车，哪里比得上骑兵的快捷、方便？最起码，骑兵不用太顾虑地面是否平整的问题。

所以赵武灵王的抉择，就是脱下长袍换胡服，不再坐车改骑马，以胡人的长处来弥补中原的不足。

那么赵武灵王的这一番改革，是否收到了良好的实效呢？改革完成之后，公元前306年，赵国攻打白狄在燕赵之间建立的中山国，一举突破太行山的重要孔道井陉，打到中山国都灵寿附近。

而秦国，此时正值秦武王举大鼎脱手，砸断胫骨以致气绝而亡之际，赵国趁机向西渡过黄河，攻下了今天陕西北部与内蒙古交界的河套地区，即当时的榆中。这里是胡人部族林胡、楼烦（原本也在山西和河北北部活动，就是赵国把他们赶过黄河）的地盘，赵武灵王打得对手俯首称臣，献出大量良种马，更有大批林胡、楼烦人加入赵国的骑兵。

于是在公元前296年，赵武灵王回过头来攻灭了中山国，中山王被迫迁到今天的陕西榆林。结果不安分的中山王又和楼烦王眉来眼去，终于被赵国灭亡。

此时赵国的疆土从原本的山西、河北扩大到黄河北岸、内蒙古大青山以南，建立了雁门、云中等郡，还在内蒙古修了两道长城。

多说一句的是，赵武灵王真的是少有的开明君王。他虽然打败了林胡、楼烦这些异族，却毫不排斥他们，反而以包容的态度，招揽他们加入自己的队伍，其中楼烦射手，随后一直以神射之名闻名中土。楚汉相争之际，就有他们的身影出现。项羽与刘邦对垒，楼烦射手一口气为刘邦射杀了三名楚军力士，气得西楚霸王暴跳如雷，亲自披甲持戟出阵，瞋目大呼一声，楼烦射手发现“霸王”登场，立马就遁逃，不再现身。这也成了楚汉相争少有的插曲，算是助兴小节目。

回到赵国这边，胡服骑射的赵武灵王，英雄难过美人关。他爱上了一个叫作吴娃的美人，吴娃临死前求赵武灵王立她所生的儿子赵何为太子，赵武灵王一口答应，并提前退位，把王位交给赵何，最后遭遇了著名的“沙丘之乱”，一代明君，居然被断粮断水前后达三个月之久，惨遭饿死——赵国因胡服骑射而兴起的大好局面，也遭遇重大挫折。即使如此，赵国依旧是战国后期秦国一统天下的最大敌人。

秦国，与昔日的仇敌魏国相似，也走了放弃战车、强大步兵的路线。其中原因，很可能就是此前被魏国吴起欺负得太惨，所以秦孝公才会起用来自魏国的商鞅，实施彻底改变国运的变法。

所以，秦国的军队模式，某种程度上就是魏武卒模式的秦国版。

因此，原本占据秦军核心地位的车兵，开始从主角变为配角，仅仅是步兵的一种辅助，其作用有二：一是在进攻之际担任冲乱敌军阵型的角色，可以是中央正面突破，但更多也更有效的，显然是两翼包抄；另一个作用是在防御阶段可以将战车列成阵垒，即后世美国西部移民对付印第安人骑兵的大车圆阵防御策略。

秦始皇兵马俑为我们展示了秦军战车之上的配置，一般情况下都是三名军士，除负责驾驭的御手外，车左与车右的装束几乎相同，都是身穿长襦，外披铠甲，胫着护腿，头戴中帻，手中兵器也都是矛、戈之类的长兵器，显然不如春秋时期的兵车分工那么清楚。

骑兵，也出现在秦军之中。这显然与《史记》记载的秦国起源有关。秦人原本就是养马起家——“非子居犬丘，好马及畜，善养息之。犬丘人言之周孝王，孝王召使主马于汧渭之间，马大蕃息。”

而且，因为秦国的封地在周的最西陲，长期与西戎厮杀融合，戎人的战术风格也渗透入秦军，因此早在春秋时期，秦国便已经出现了中原并不多见的“畴骑”。重耳借秦兵归晋，当时秦国派给他的军队，就是“革车五百乘，畴骑二千，步卒五万”。

这些秦国的骑兵，统一穿短甲（取其轻便，牺牲了一些防御力量），主要兵器便是弓弩，辅助兵器是短剑。秦国对这支骑兵部队的考核，要求军马须高“五尺八寸以上”，要有忍耐力（不能脾气暴躁或是懒惰无力），不然无法适应秦军驮乘跋涉的高强度要求。负责管理马匹的人员一旦被认为训练调教不力，也要受到严厉的惩罚。不仅如此，军马还有相关的考核，如果成绩太差的话，相关马吏也要吃苦头。

在决定秦赵命运的长平之战中，白起就是派出两万五千名步兵断了赵军的后路，再以五千骑兵（应该就是这个“畴骑”），插入赵军前部与大本营之间，将赵军一分为二。赵括发现已经中计被围，乃下令全军停止进攻，就地建造壁垒，转为防御，择机突围。

那个时候还没有马镫，骑兵两脚悬空，没有着力点，马上格斗的可能性几乎为零。这时，用于斩劈的厚背长刀也尚未出现，用矛、戈或剑，从马上杀死对方的步兵，一是实施起来难度不小，二是没有必要。所以，骑兵在这里只能是配角，秦军的绝对主力，还是步兵。

古书说秦军战车和骑兵的规模都以万为单位，而步兵，号称“奋击百万”或“虎贲之士百余万”。商鞅变法在秦国实施之后，全国境内普遍实行征兵制，将原来与军事接触不多的农耕子弟征入军队——这些农民，在春秋之际曾以“野人”的名称出现。当年晋文公流浪之际，向这些“野人”求食，“野人”大笑，把泥块扔给他。秦穆公看一匹宝马走失，岐山下的“野人”发现了它，不分三七二十一就把它煮煮给分吃了，秦穆公也没和他们计较。后来秦晋大战，秦穆公被围之际，就是这伙“野人”出来抄家伙，把他给救了——按照前例，“野人”只管种田，哪里还会上战场厮杀？可是到了战国，商鞅一折腾，这些“野人”就统统被送上了战场，由此带来的结果，是军队人数的暴增。

那么问题来了，原本在田里耕作的“野人”毫无武力加成，如何能上战场，甚至成为名震天下的秦之锐士？这支军队如何能被称为虎狼之师呢？

原因恐怕就在于秦国对步兵重新做了安排，他们不再是老式的战车附属部队，而分为重步兵和轻步兵两种。其中重步兵又可以称为装甲长矛兵，因为他们手里拿的是当时最有效的长柄武器，如戈、矛、钺，身穿的铠甲也相对要厚实一些；而轻步兵几乎不穿甲或只穿薄甲，他们所使用的是弓和弩（显然后者更多，也更常见）。

秦军列阵时，弓弩轻步兵在最前方，戈矛重步兵在后方。战车和骑兵等其他部队另组一阵在旁。当战争开始之际，秦军先以骑兵发起袭扰，使对手阵型出现紊乱，而此时，轻步兵即弓弩手方阵，便开始一波远程射击，直接杀伤一大片敌军将士。最后，才是重步兵的向前冲击，旨在击垮或消灭对手。

至于秦军的中高级军官，应该只携带剑而不是长柄戈矛，连环画里那种大将单挑的场景，至少在这里绝对不可能出现。至于基层军官，在指挥部下冲锋格斗的同时，自己也要参与战斗，所以他们也会使用戈矛。

需要说明的是，秦国的一统战争其实是以一打六，所以对人力的使用，几乎到了残酷的地步（这也是后来秦速亡的原因）。当时的普通秦国人，十七岁便要去服兵役，六十岁才能退役——你们可以想象作为一个秦国老百姓的内心滋味，究竟是不是真的如诗歌里唱的那样，“王于兴师，修我戈矛，与子同仇”？事实上这种诗歌并非真的民歌，而是官府的征兵广告曲。

对当时的秦国而言，不单是男人如此，就连女人也不能置身事外——《商君书》记载说，三军是什么呢？三军就是强壮男人做一军，强壮女人做一军，老弱做一军。当然，真的要女人打仗恐怕也不现实，她们更大可能是做一些后勤运输工作。

原本古人有一个办法可以逃避兵役，那就是入赘别人家做女婿，或是游走四方经商。但到了商鞅手里，也统统失效了，全部征发入伍。

只是，商鞅毕竟是个聪明人，百分之百蛮干强逼不是他的风格。强硬是一方面，拿军功爵来引诱又是另一方面。一个秦国百姓，想要逃避兵役那是一件风险极高的事，与其这样，还不如去战场上送人头，说不定能立功拿到爵位呢。此外，如果一个人自愿戍边五年，他还被允许赎回一个沦为奴隶的亲友。

而一旦进入军营，秦国也不会把毫无经验的国民随随便便送上战场，那基本上就是送死。秦国有一套练兵的办法，譬如“角抵”，差不多就相当于今天的摔跤，但没有那么多奇怪规则，其实就是一种近战搏击技能训练。还有“投石”，就是扔重十二斤的石块，用来锻炼手臂力量。“超距”则类似于现在的跳远，锻炼秦军的腿部力量。此外，还有如何使用弩射准目标、如何骑马、如何驾车、如何接受指挥号令以及阵列练习等多种项目，并根据训练成果，安排你加入哪一类阵营，即做骑兵还是做步兵弩手。

这里要絮叨一下秦军的四种号令，第一种是铃，听到这个就意味着指挥官要下口头命令。第二种是鼓，听到这个就是进攻了，据说是敲一下前进一步，如果敲个不停且很急促，那就是让你冲锋了。第三种是金，轻敲一下就是停止进攻，敲得重那就是要撤退了。第四种是旗，表示的是行军方向，旗向左你就向左进攻，向右你就向右进攻。

秦军的军法极为严酷，打鼓没打好，节奏不准，杀！训练时大声喧哗不听号令，杀！听错号令，该动的时候不动，不该动的时候乱动，杀！哎哟，要不然强大的秦军哪儿来的呢？难道秦人真的天生就是铁血超人不成？

完成训练之后，秦人首先会被送到地方郡县做“更卒”，也就类似今天的基层武警，然后才会按照需要，发至边疆驻守，更厉害的则派上战场去侵略韩、魏等东方国家。

如此一支严格铸就的秦军，才是秦始皇能最终实现“六王毕，四海一”理想的原因所在。

第三章

秦汉　饮马长城　燕然勒石

历史的推进，常常是复杂的，虽然早在战国时期，步兵就已经成为战场主流，可是到了楚汉相争，刘邦还是习惯坐车指挥战事。他的御用车夫夏侯婴，后来还做到了九卿之一的太仆，相当于现在的交通部长。

不过另一方面，车战被弃用也确实是不可逆转的事实。随着游牧民族匈奴成为汉朝的最大敌人，拥有一支装备精良的骑兵，毫无疑问成为中原王朝最大的渴求。

第一节
丈八蛇矛　用此物的可不只张飞

天底下知名度最高的矛，毫无疑问便是丈八蛇矛，《三国演义》里的张飞用它，《水浒传》里的林冲也用它。张飞第一次出场，便是“挺丈八蛇矛直出，手起处，刺中邓茂心窝，翻身落马”，那么史实上是否真的如此呢？《三国志》有一段描写，是在当阳长坂坡，说张飞据水断桥，瞋目横矛曰：“身是张翼德也，可来共决死！”敌皆无敢近者，故遂得免。

张飞使用的兵刃是矛，那么是不是丈八蛇矛呢？历史上直接记录中，使用这件兵刃的人，是东晋十六国时期的一个西北汉子，此人姓陈名安。323年发生在甘肃的一场恶战中，陈安左手挥舞七尺大刀，右手运起丈八蛇矛，杀死大批敌军，因此时人称赞他说“左关右张”，还编了首歌，“七尺大刀奋如湍，丈八蛇矛左右盘”——由此也可以看出，张飞确实用的是丈八蛇矛（但关云长用的就不是什么偃月刀了）。

我们今天说矛的历史，其实并不晚于戈，甚至可以说早于戈。出土于青海省西宁市城北区沈那遗址的铜阔叶倒钩矛，是目前为止中国发现的最早的金属矛，其时代在公元前20世纪至前11世纪，即新石器时代后期。其铸造材料可能是自然界中存在的红铜，被史前人类无意中发觉，而后通过锤打的方式，仿照石矛尖的样式，打制成铜矛。

再往后，商代有大量青铜矛的出现。在殷墟附近的侯家庄商王墓中，曾一次性发现七百三十一件青铜长矛，被认为是商王卫队使用的兵器。20世纪50年代，还在河南安阳的大司空村出土十根相对完整的长矛，矛柄虽然已经腐朽，却在墓坑中留下了几乎完美的痕迹，随后研究者便推算出这批长矛的矛柄长度，在一米四左右。

但是商朝对矛的重视远不如戈，这些长矛，被拨给步兵使用，而当时的步兵显然不如战车兵那么威风。到周朝也是如此，前面也讲过，车战钩胜于刺，所以戈强矛弱，是很自然的事。

为了适应需要，长矛也有不同分类，譬如有一种矛长度理论上可达四米，考古发现实际长度在二米八以上，这就是专门用于车战的夷矛。

矛的风头盖过戈，要到战国中后期，这个时候的矛，已经出现了血槽，矛身呈窄体、直刃、筒身。重点就在这个“窄”上。当时盔甲的防护值已经大幅提升，宽大的戈，在杀伤力上显然不如窄小的矛。戈的面积较大，要消耗更多的金属来打造，同样是刺死一个敌人，窄小的矛制造起来划算许多。而且，兵刃制造师也为矛做了若干改进，譬如中脊凸起两个刃，长矛刺入敌人身体时，就能够把伤口撕得更大、扎得更深。

随后，经过金属革命，质量更好、价格更便宜的铁很快取代了青铜。青铜兵器往往刃部圆钝，铁矛更锋利。《荀子》描述楚国兵刃中著名的南阳铁矛，将其比喻为“蝎子的尾巴和黄蜂的针”，可见其锋利程度。从考古实际来看，燕国下都发现的钢铁矛，也确实是长骹（矛锋的下端连接部位）窄叶式样。

到西汉初年，青铜矛还有大量使用，但汉武帝与匈奴开战之际，已经多用铁矛。到东汉，铁矛则完全替代了青铜矛，所以张飞使的矛，必然是铁矛。汉代的《释名·释兵》，对这种矛的解释是：“矛长丈八尺曰矟，马上所持，言其矟矟便杀也；又曰激矛，激截也，可以激截敌阵之矛也。”有人便依据一丈八尺来换算，算出这把矛的长度为四米，张飞是八尺的大汉，则为二米六的身高，这数据显然是夸张了。丈八矛其实是指长一丈八寸的矛，按照汉代度量衡换算下来，张飞身高一米八，这支长矛，则在两米四八左右。

汉朝的矛为什么能做这么长而不弯曲折断？这是因为中国人的一种特殊工艺，叫作“积竹木柲”，即一根质地坚硬的木棍，外包一到两层长条竹片，竹片的外面再用优质藤条紧紧缠绕，最后将结实的丝线细密地束缚，涂上一层又一层的生漆，使之紧密结合，成为一体。而这木棍的取材，则是白蜡杆、椽木或枣木，用山上活水浸出木浆，晾干后放入桐油里反复油炸，炸焦所有的短纤维和木屑，只剩下长纤维作为骨架。

而矛尖，必用上好的钢铁，反复炭烧折叠锻打以保其无杂质，随后在矛脊处夹以韧性强的钢条，保证矛的头部和边缘坚硬锋利的同时中心部柔韧，刺中敌人时不会被夹住折断。矛尖两侧，还各开一道血槽，设计目的在于刺入人体后更易拔出。

至于为何是诡异的蛇形？其实也就是为了增大杀伤面积，刺中敌人造成的伤口不容易愈合——要说张飞用的这兵器还真是有点阴损，因为古代医学技术本身就不发达，再加上战场普遍缺医少药，一旦发生伤口感染，丧命的概率是不小的。

多啰嗦一句，有些冷兵器发烧友认为蛇矛所使用的钢铁为镔铁，但“镔铁”一词出自隋代的《不空羂索咒经》，史书中则最早见于《周书》——唐朝令狐德棻主编的北周史。我们现在讲的却是汉代的矛。纵然书籍记载晚于生活实际，但作为一种外来物，汉代蛇矛由镔铁打造的概率并不高。

汉代长矛是与骑兵的发展同步的，《释名》上说，稍是一丈八尺的长矛，马上使用，矛身细长，便于刺击。刘备的挂牌老祖宗——中山靖王刘胜，他的墓里曾出土一件长度在一米八有余的铁矛，这种就远不如刚才讲的长度，应当是步兵的装备。东汉末年的名将段颎（贾诩曾冒充他的外孙）与西部的羌人作战之际，就将自己的步兵矛手排成三层，夹杂弩手，骑兵则护卫两翼，最终击败了士兵数量远多于自己的羌人。这些步兵，应该用的就是这类相对而言较短的矛。

至于与张飞同时代的关羽、马超、赵云、张辽、姜维这些名将，虽然演义里为他们设计了诸多名目的武器，实际上他们所使用的长兵器应该也都是长矛。枪的初用应该是在晋朝，然后在唐朝掀起一个高潮。枪要全部替代矛，则是宋代的事了。让马超用什么虎头湛金枪，赵云用什么龙胆亮银枪，姜维用什么天夔绿沉枪，名字固然好听，但实在是太过超前了。

第二节
方天画戟　孙猴嫌弃却是先秦两汉最爱

有了矛，再将矛与之前大杀器戈的特点做一些组合，便出现了三国迷最为沉迷的戟。戟是什么呢？其实“戟”字源自“棘”，即刺有点多的那种植物。戟取“棘”音，就是说这种兵器，旁有枝格，能扎人，能刺人，能钩人。它既有矛的直刃，又有戈的横刃，从外形上看就像一个“十”字。单月戟，则像一个“卜”。

冷兵器的应用，总是发明和流行差一大截岁月。戟的最早出现，是在河北藁城的殷墓，到列国纷争的春秋战国，戟开始它的第一波流行潮，譬如春秋第一美男子子都，和颍考叔抢一辆车时，就拔出了一柄戟来。而晋国内乱，范鞅与栾乐火并，范家的兵就拿戟去钩对手，致使其“断肘而死”。齐国崔杼之乱，“有敢不盟者，戟拘其颈”——谁不老实就拿戟来扎他的脖子！所以那个时代的五种主流兵器，戈第一，戟排第三。而到了战国时期，戟已经成为战车车右的流行武器。毛遂游说楚王时，就有“持戟百万，此霸王之资也”的台词，可见戟的重要性。

当然，戟的繁荣时期还是要到两汉，尤其是东汉魏晋之际。此时的戟的刺胡已经高过五十厘米，整体体形增大；同时放弃了以往那种将戟回拉钩斫的形式，基本上是向前叉刺。原因应该是战争模式的改变，即以往那种战车和骑兵作战并存的模式，已经变为完全以骑兵为主。而随着骑兵铠甲越来越厚，穿透力不足、锻造又很费事的戟，终于被新武器马矟所取代。

那么，三国第一武将吕布，是不是真的拿方天画戟做他的兵器呢？

从史料看，东汉建安七子之一的王粲写的《英雄记》，是最接近那个时代的记录。其中有一段吕布和郭汜的单挑，结果是“布以矛刺中汜”。而《后汉书》描述吕布刺董卓，是“应声持矛刺卓”，也不是用戟。再看陈寿对吕布的描述——“布便弓马，膂力过人，号为飞将”，人家明明擅长的是箭术、骑术和蛮力，哪里有戟什么事？

反而，董卓对吕布不满意，倒是“拔手戟掷布”。最终拿戟扎董卓的人，也不是吕布，而是李肃——“肃以戟刺之，卓衷甲不入”（倒是证明了前文：戟穿透力不足）。

长柄戟威力不足，短柄的手戟却在这个时候流行起来。《三国志》说，曹操和吕布在濮阳厮杀之际，曹操募集破阵的敢死队，要求穿两件盔铠，进攻的武器，长的是矛，短的便是手戟。书上说，当时敌阵弓弩乱发，矢至如雨，典韦却让部下给他算步数，到五步距离之际，典韦手提十几支手戟，飞速投射，无一不中，吕布军顿时溃退。

汉末东南的军阀严白虎，有个弟弟叫严舆，以勇力闻名。孙策就是用手戟，将他杀死在谈判的坐席之上。随后孙策与太史慈两虎相争，孙策一把抢走了太史慈系在脖子后面的手戟，太史慈则抢了他的头盔。

有意思的是，曹、刘、孙三个大佬，在史籍上都有用手戟的记录。曹操年轻的时候，曾潜入张让的府第，被发觉之后，就在庭院里舞起了手戟。长舌的人骗刘备说赵云已经跑路了，结果刘备发怒，抓起手戟砸过去。孙权去打老虎，老虎反扑过来，孙权也扔出一对手戟。

所以，手戟在当时就是一件随身宝，相当于后来的短刀佩剑。曹丕解释说："俗名双戟为坐铁室，镶楯为蔽木户。"《释名》说："手戟，手所持擿之戟也。"汉代的画像石上，我们可以找到手戟图形，与"卜"字形铁戟的头部相似，在直刺的旁侧有一个横出的短枝，直刺的末端似有细绳缠绕，以供握执，用时单手操持，遥掷击敌。

古人厅堂里往往会放一个武器架，叫作"兵兰"，上面搁刀剑比较多，但也有放手戟的。以汉末三国论，后者还很常见，似乎比刀剑更受欢迎。

戟的荣光，如此持续到三国之后的两晋，由于北方游牧民族的内迁，骑兵的机动性在战争中逐渐占据优势，由此带来传统步兵战术的调整。南北朝之后的隋唐两朝，陆续出现了陌刀、马槊等全新的攻击性武器，还有明光、山文、锁子等一系列防护性装备。汉民族的男儿们，即将迎来一个新的时代。

《西游记》里有这么一段，说东海龙王着编提督、鲤总兵抬出一柄画杆方天戟，那戟有七千二百斤重。悟空却只是嫌弃："也还轻，轻，轻！"儿时读这一段，觉得是孙悟空本事大，而不是戟的问题，但是后来自己也买了一杆戟来玩，便体味出几分问题来。钩、啄、桩、刺，戟的这四项技能，之所以能产生威力，其实完全赖于战车的高速行进，只有在这种情形之下，一钩一啄，才能将步兵或车兵轻松放倒，可若是步战和马战，戟的威力便远不如枪和矛那么实在了。就好似剑，一剑将对手划倒，远不如挥大刀一刀砍倒的效果。况且骑兵作战，总是向前冲锋，对兵刃的要求也是直刺为主，矛和枪都可以满足这一点，可是戟呢?

除此之外，骑兵或步兵骑兵混合的战争中，频繁的碰撞打击也在所难免，复合型的戟很容易被猛力折断。偏偏戟的制作成本又高于枪和矛。这也就是说，一个王朝，花同样的金银铸戟，远不如铸造其他兵器。

战争是最现实的。从汉朝中期开始，戟在战场上的使用频率就大幅下降。汉朝与匈奴经历大小战役百余场，所用者弓、弩、刀、矛，而戟就似闺房里的娇弱小姐，看看让人挺心动，可是对于一个粗汉而言，实在是无福消受。

对于戟来说，最致命的还是特殊兵器钩镶的出现。这是一种专门针对戟而生的兵刃，《释名·释兵》对这件兵器的解释是："钩镶，两头曰钩，中央曰镶，或推镶，或钩引。"简单来说，它的上下两头是钩，也就是圆柱形的长铁铤，稍向后弯，中间是一把有把手的小型铁盾，盾的前方还有突出的尖。

说白了，钩镶就是把盾牌的防卫功能和钩的钩推功能结合起来的兵器，汉军士兵一般会将这件兵刃配合环首刀使用。当敌人长戟刺过来之际，他们会用左手的钩镶将其钩住——戟头之上，不是有个横出的小枝吗？钩镶对付这个正合适。与此同时，右手的环首刀展开攻击，对手的戟被你钩住，便无法回援。

到了南北朝时期，盔甲越来越厚实，戟就基本退出实战，成为一种名为稍戟的用于彰显身份的仪仗用品。类似于剑的发展——成为文臣甚至书生的爱好，而戟也成了文武百官门前的一种象征，卫兵用它来显示威严，吓唬一下手无寸铁的老百姓，那真是极好的。

北周时期出现了门戟制度，即高级官员的门口，可以列戟。到隋朝，这项福利放宽到三品官员以上。《新唐书》还详细记录了皇宫和各级官员可享受的列戟数目，最高的一级是皇帝的宗庙、社、宫、殿，门前可列二十四支戟，太子的东宫就只能列十八支，然后是一品、二品、三品大臣，可列戟的数量逐个减少，最低的州官也能享受十支的待遇。大唐安史之乱期间，曾任河南节度采访使的张介然，官居三品之后，立刻获得了列戟的资格，可是他却不满足，上书给皇帝，说只在长安列戟，家乡父老谁会知道他老张今天的威风，希望能准许他在老家也列戟，让家乡人开开眼界。

大家可能看剧比较多，以为在大将出征或是重臣巡视之际，皇帝会给他们发个尚方宝剑，其实早期显示威严的倒是用斧钺更多一些。在唐朝，皇帝也会赐给重臣稍戟，那意思跟尚方宝剑也差不多，就是说给你若干权力，可以便宜行事。剑、斧、戟这三样兵器，确实都离战场越来越远了。

所以唐代的壁画，画的参战兵马，士兵多持长矛，只有亲兵仪卫持戟。《唐律疏议》里禁止私人拥有的兵器有弩、矛、槊，戟却不在其中；允许拥有的兵器则有刀和弓箭，戟也不在其中——可见实在是被人给忘却了。

最终就如杜牧吟诵的那样："折戟沉沙铁未销，自将磨洗认前朝。"戟终究远离了沙场，只能埋入泥沙，纵然并未完全锈蚀，但已然无人用它。

第三节
百炼成钢　环首大刀比剑更具杀伤力

魏明帝景初二年（238年），也就是司马懿大战公孙渊的那一年，一批来自东瀛的使者拜访了洛阳并向朝廷献上贡品，而曹魏呢，自然也回赠了一些东西，其中便有两口长约五尺的刀。

至今，日本如正仓院等知名场所，仍留存着来自古代中国的汉刀、唐刀，这其中，便有汉代的环首刀。在日本的古都奈良，曾发现一柄中国的铁制环首刀，制作年代在东汉汉灵帝中平年间，即黄巾起义的那个时期，刀身之上，镌有“百炼清刚，上应星宿，下辟不祥”等错金铭文，是一把用反复加热、多层叠打、表面渗碳的工艺制作的优质含钢铁刀。

那么，什么是环首刀？为什么中国的刀要添加“环首”这么一个另类的设计呢？事实上，所谓刀首，就是刀柄末端，刀与剑不同之处，在于它是单刃，使劲砍容易脱手，所以古人就在此设计了一个环，可以用绳子将刀环与使刀者的手腕捆绑，避免脱手之虞。

战国时期的齐国货币刀币，其实就是一种早期的环首刀造型。有人说齐国为什么拿武器造型来做币，好像齐国人也不好战啊？其实早期的环首刀，并不是一种武器，更大的可能是一种工具。当时写字用的是竹简，而竹简的制作就需要用刀刮削，字写错了要改也需要用刀。此外，剪裁布料做一件衣裳，用的也是这种刀，区别可能仅仅在于书刀的弧度外张，帛刀则为内弯。

战国时期拿刀来当橡皮擦，那么拿什么当短柄格斗武器呢？就只有剑了。所以你看，当时著名的游侠都是些剑客，譬如荆轲就曾与著名的剑客盖聂讨论剑术，却不会讨论刀。（荆轲说：为什么我要讨论这个？我又不会做衣裳？）

但是不是当时没有用于技击的刀呢？那也不是，商朝便已经出现了青铜刀，主要用于近身防卫，但是长度非常短，仅有三十厘米。老实说，看上去依旧像是刮错别字用的。

那么，有没有那种刀身较宽、刀尖翘起的青铜大刀呢？也是有的。只不过在商周时期，这种另类的武器，始终没有获得军队的认可，更多的还是用剑。

应该说，刀跻身主流，完全是因为钢铁冶锻技术的进步。20世纪70年代，在山东出土过一把东汉的环首刀，上有“永初六年五月丙午造卅湅大刀吉羊宜子孙”一行字，这里的“卅”就是三十，“湅”就是炼，就是说造这把刀，需将钢材折叠锻打达三十次，而且刀的刃部，还有淬火的痕迹，即将刀刃加热到某一高温，再用水、油或空气使其急速冷却，并让工件表面硬化。

文人常用一句话，叫作“百炼钢化为绕指柔”，意思是经过百炼的钢，可以变成绕在手指之上的柔软之物。某种程度上我们可以说这是真的。春秋末期，中国就已经发明生铁冶铸技术，随后便逐渐形成了一项技术——炒钢。这个可厉害了，能将生铁加热成半液体或液体状，然后加入铁矿粉，同时不断搅拌，利用铁矿粉和空气中的氧去掉生铁中的一部分碳，使生铁中的碳含量降低，去渣，直接获得钢——老实说，我真不知道那个时代的中国人何以如此聪明。难道是大一统尚未到来，儒家思想和科举制度还未能控制一切的缘故？

炒钢技术的出现，意味着进一步优化成为可能。在生铁冶铸技术的基础上，以炒钢为原料，反复加热、折叠、锻打，而一块钢不断重复烧烧打打、打打烧烧，达到上百次之多时，便出现了含碳量更高、组织更细密、成分更均匀的优质钢，古人称之为“百炼钢”。

汉代还有一种技术叫作局部淬火，用这一技术铸造出来的刀，不同部位的硬度是不同的。一把环首刀，往往中段的硬度最高，前段次之，后段则最低，这便符合长刀的最佳硬度规律，即砍人往往是用刀的中段最为有效，没有人会拿刀的后段去干这个事。

再往后，又出现了嵌钢技术，即刀身上有一道平行于刃部的锻接线，其刃部由高碳优质炒钢锻接在熟铁刀脊上。这样一来，刀除了坚硬的刃部，还有了坚韧的刀背，更不容易折断。

刀铸出来之后，要怎样检验它的质量呢？有人说拿副盔甲来砍不就行了吗？显然这个回答有点不经大脑，刀是用来砍人不是砍甲的。当时的刀匠，有一种比较特殊的试刀法，那就是将若干根稻草捆成一束，然后用头发丝将这束稻草挂在木杖上，以刀斩之，稻草断而头发丝不断，就是好刀。你可以想象一下这是怎样的情景，而记载中当时的最高纪录，是一刀砍断了十五根一束的稻草。有兴趣的读者，可以去试一试你的成绩是多少。

刀铸成这样，在战场上又意味着什么呢？原来汉军骑兵和匈奴人厮杀之际用剑，剑是双面开刃的，是不是更有优势，意味着左右都能砍人呢？其实并非如此，马上作战，最重要的一个动作是劈砍，双面开刃意味着力量分散，反而降低了杀伤力。而且，剑身过于单薄，用力过猛甚至会折断。你可以想象一下战场上如果出现此等场景，作为一名士兵你会怎么选择？

由于上述原因，单面开刃、厚脊的环首刀，就此成为汉军骑兵的劈砍武器。加上强弩、长矛，在当时而言几乎就是无敌的存在。

而对于当时的战场长柄兵器，汉军可以采取一手持环首刀、一手钩镶的组合，对战之际以钩镶钩住敌人的戟，随即挥刀或剑取敌首，如下图汉代画像石所描绘的场景。

◎ 汉代画像石上的钩镶者

当然，不是说环首刀有多么完美，完美是不存在的。环首刀多为内弧刀，也就是刀尖向前弯，这又有什么道理呢？司马也收藏了几把环首刀，拿这种内弧刀劈砍，砍那些粗树枝甚至是树干，都颇为顺畅，因为可以把刀和身体旋转的动能完全发挥出来，所以劈砍出去的力量很大；缺点可能就在于如果没有一刀解决，回抽有点小问题。这是指骑兵在运动的状态下，巨大的冲力，恐怕会造成脱手。也就是说，这刀重心靠前，并不很好掌控，尤其长刀最好是双手握持——历史上的外弧弯刀，一般认为来自突厥人，然后西传阿拉伯，东传入中原。大家看这传承也就懂了，马上民族用这把刀，一是更方便拔刀；二是更方便砍人，拖割划拉过去造成的伤口更大；三是砍完了回收时做下一个动作也顺溜。

环首刀也有加长版。南朝刘宋的开国皇帝刘裕，就是个使加长版环首刀的好手。《宋书》记载他和东晋军阀桓玄的部将吴甫之在江乘遭遇，当时敌众我寡，刘裕提起环首长刀，大喝一声就冲了上去，结果敌军崩溃，吴甫之被杀。那么加长版环首刀到底有多长呢？考古发掘的数据告诉我们是五尺，一尺的距离在二十五到三十厘米之间，五尺就是一米二到一米五。

当然，长刀是战场利器，普通人用的更多还是短刀，即所谓佩刀。《释名》有云："在佩旁之刀也。"这是一种直刃短环刀，大体上可以想象是环首刀的缩小版。《汉书》里讲苏武"屈节辱命，虽生，何面目以归汉"，于是就拔出佩刀自刺。李陵与匈奴人大战，箭全部射完，这个时候拿什么自卫呢？那些军中的文职人员军吏，拔出了尺刀，也就是一尺（汉尺）约二十三厘米长度的短刀。

至于文武百官的佩刀，那就是豪华工艺成分居多了。《后汉书·舆服志》说，诸侯王用的佩刀"黄金错，环挟半鲛"，公卿百官则是"皆纯黑，不半鲛"。这里的"鲛"，指的就是鲛鱼皮制的革，鲛鱼就是鲨鱼。早期文武百官上朝，都是可以带刀的，这里的刀就是佩刀。《三国志》和《三国演义》都描述过这样一段，董卓威胁袁绍，说："竖子！天下事岂不决我？我今为之，谁敢不从？尔谓董卓刀为不利乎！"这里的刀，就是佩刀。而袁绍的回答是："天下健者，岂唯董公？"书上之后的描写是袁绍"引佩刀横揖而出"，所以这一场对话，基本上就是持刀对骂，而这样的场景，就发生在大汉朝堂之上。

到了曹魏时期，司马师专权，中书令李丰密谋推翻他，结果被发觉，于是司马师大怒，“遣勇士以刀镮筑杀之”，这里的“刀镮”，就是环首刀的环。那个时代，环首刀已经升级：刀身减短，刀刃加厚；刀环扩大并下垂，护手加长，刀尖向背部收拢，更有利于破甲与骑战，所以杀个文官几乎不费吹灰之力。

关于环首佩刀，最后说一个煽情的段子，来自《汉书》。李陵战败归降匈奴之后许多年，汉昭帝派一个叫任立政的人去草原之上见到了李陵，可是有匈奴人监视，话不能说得太白了，于是任立政便不断抚摩环首佩刀柄上的环。

什么意思？回家啊！“环”，不就是谐音“还”吗？

第四节
强弩在弦　让匈奴人害怕的远程攻击

汉弩与一对父子的命运有着传奇的联系。起初，是汉武帝元狩三年（公元前120年），父亲带领四千骑兵，从今天的内蒙古赤峰市宁城县，即当时的右北平郡出发，向北推进数百里之际，前方出现四万骑兵，为首大将，便是匈奴的左贤王。

敌众我寡，显然士兵们都很恐慌，此时父亲便派出儿子，带领数十名骑兵，径直冲入匈奴的骑兵阵列，而后完好无损地从两翼回到汉军本阵，此时儿子便轻松地说："胡虏易与耳！"即这些胡人好对付得很。

这当然是老爹为了稳定军心，故意让儿子跑了这么一趟（这也是对儿子素质过硬的肯定），据说汉军士兵的心，暂时就此放下。

但事实上，四千人打四万人，这不是开玩笑吗？汉军又不是铁人军团，匈奴人来回奔驰，箭如雨下，汉军顿时就被射死了一半人。

这个时候，老爹便拿出了一把黄颜色的弩——这弩叫作大黄，系用兽角制成，是当时射程最远的武器，据说可达四百米——此时老爹以大黄弩连续发射，对方匈奴军阵中便有数名带兵官（裨将）中箭倒下，造成一阵混乱，一时之间进攻便停止了。

这一战，一直持续到次日另一路汉军的到来，匈奴才解围而去。此处用弩的老爹，便是著名的飞将军李广，而为其掠阵的儿子则是后来被霍去病挟私恨射杀的李敢。

三十九年后，李广的孙子，便是李陵，带领五千来自南方（一说是湖北一带，另一说则是丹阳，即西楚霸王项羽的江东）的步兵，从今天的内蒙古自治区额济纳旗东南的居延城向北走（当然也有车，主要用来运辎重兵器）了整整三十天，终于到达今天蒙古国的土拉河、鄂尔浑河上源以南，即当时的浚稽山。

在这里，李陵的五千人遭遇了匈奴的绝对主力——单于的三万骑兵。李陵下令，把大车排列成营垒（大家可以想象一下后世美国人应对印第安人组建的车营），而后带兵在营垒之前排开阵势，前排是长戟和盾牌兵，后排则全部使用弓弩。

匈奴见汉军人少，以为可以轻易攻破，没想到这一伙来自南方的汉人猛得很，李陵一声令下，一千张弩齐声发射，顿时箭如雨下，匈奴人根本没有躲避的机会，纷纷应弦而倒——于是原本是匈奴围攻汉军，反而变成了汉军追着匈奴人打，一直杀到山上，杀死了数千匈奴人。

这便是史上著名的浚稽山之战，最终李陵的部队撤退到今蒙古国最南端的戈壁区，当时叫作鞮汗山的山脉附近，五千人还剩下三千多人，一天之内便将所携带的五十万支箭全部射完（按照《史记》的记载，李陵部先后一共射死匈奴近万人，几乎是五十箭射死一人的比率），前文所讲的长戟盾牌兵几乎全部阵亡。他们手里只剩下随身的短刀，大部分人甚至只能斩断车轮，拿辐条当武器，而此处又地逢险要，匈奴从山上扔下石块，很多汉军士卒都被砸死。

于是在这个时候，李陵说了一句话："复得数十矢，足以脱矣！"再给我几十支箭，就能冲出困境了！

结局自然是李陵被俘，但弩在这两场战事中显示出来的巨大杀伤力，已然足以震撼后来人。

为什么弩会这么牛呢?

很简单，因为中国弩，很大程度上是跨越时代的机械武器。和同一时代的戈、戟等兵器不同的是，它是有机关、有准星，甚至还能延时发射的武器。

弩的结构可以分为三个部分：臂、弓、机。臂为木质，弓横于臂前，臂偏后的位置，是弩机，即一张中国弩最关键的部件，一般由铜铸成。其中包括了五个部件，其一是望山，也就相当于现在的瞄准器。汉朝的弩，望山上一般有刻度，更容易按目标距离调整弩发射的角度。其二是悬刀，相当于现在的扳机。其三是钩心，以及两个将各部件组合成为整体的键。

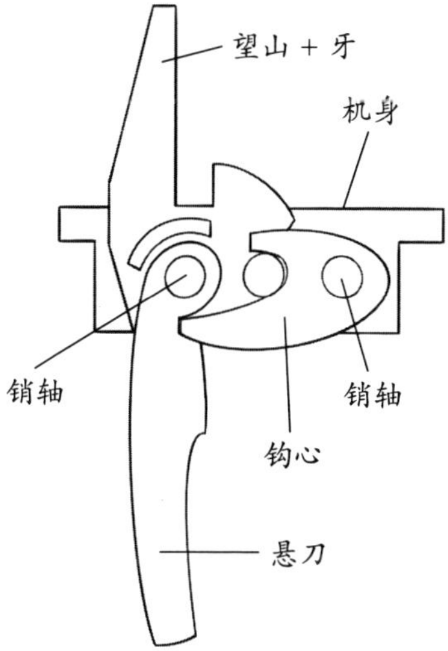

◎ 弩机示意图

装箭时，弩手用手拉望山，钩心被带起，它的下齿卡住悬刀刻口，用牙（挂钩）扣住弓弦，箭矢装于弩臂上方的箭槽内，此时弩手通过望山瞄准目标，往后扳动悬刀，牙下缩，弦脱钩，箭即随弦的急速回弹而射出。

说得简单一点，弩优于弓的关键就在于将张弦装箭和纵弦发射分解为两个单独动作，无须一边用力张弦，一边费劲瞄准，由此大大提升了命中率。

这样机构巧妙的机械兵器，居然出现在两千年前的春秋战国，你说奇妙不奇妙？然而事实就是如此，于河南洛阳出土的最早一件弩，就制作于战国中期。铜质弩机，木质弩臂，前端装错银的蛇头状铜承弓器，末端是错银的铜弩踵。

但是中国弩的历史，应该远较这件实物来得早。《韩非子》说："羿执鞅持杆，操弓关机。"上古时期，北方中原地区尚多山林，所以毒蛇猛兽数量不少，于是山里的猎户纷纷设下一种叫作"窝弓"的机关来捕杀猛兽；若是猛兽陷入机关仍顽强抵抗，便用早期的弩，将其射杀。

在春秋战国时期，弩的技术初步成熟。《孙子兵法》里有一句："故善战者，其势险，其节短。势如彍弩，节如发机。"可见孙武对弩的特点也颇有认识。而到了战国，《孙膑兵法》又说，弩的威力极大，可以"发于肩膺之间，杀人百步之外"。

在战况激烈的七雄争霸时代，弩至少经历了两次升级换代。第一代，是擘张弩，即一种用双臂拉开的弓弩，射程可达两百步以上。到战国后期则出现所谓升级版本的蹶张弩，即不再用手，而是要用脚踏的方式拉开弩，射程更远，威力更大。譬如十二石弩，便号称可以射六百步，当然较前者，弩机更坚固，还加装了名为"铜郭"的强化机槽。

《战国策》里有一句话——"天下之强弓劲弩，皆自韩出"，溪子、少府、时力、距来是当时韩国弩的四大品牌，射程都超出六百步。当时韩国的射手，可以做到连续发射不停歇，在远处可以射中敌人的胸膛，在近处可以精确射穿敌人的心脏。

当然苏秦说话以夸张著称，韩国人的弩真这么厉害吗？如果真这么厉害，为什么还被秦国给整垮了？中国人历来是胜者为王，我们还是来看一下秦国的弩。从秦俑坑的实物遗迹来看，秦军至少有三种弩。其一是木质的普通弩弓，末端安有青铜弩机；其二是远程弩，弩臂上重叠了一根木条，在弩臂上还夹有铜饰件，张力更强，射程更远；其三是大号弩，因为在俑坑里发现了重量达一百克的特大型号铜镞，其被认为是至今兵器史上发现的型号最大的铜镞。既然箭镞都如此夸张，弩的身型必然也十分长大，只可惜木质部分早已腐烂，仅剩下青铜弩机，但出土后依旧活动自如。

中国影视作品，如早期的《秦颂》，一直到后期的《大秦帝国》，莫不尽力抬高秦军冷兵器的强大，似乎秦灭了六国，所以秦军一定是最勇猛的，秦的冷兵器（如弩）也一定是最好的。这个怎么说呢？不论是否赞同，至少也该有更多的证据来证明吧。某位秦俑博物馆馆长，曾对媒体记者表示，一张秦弩的射程，可以达到七八百米，是现代AK-47自动步枪射程的两倍。此言一出，在我们古代史作者圈里引起了不小的震动。秦始皇兵马俑坑里出现的弩，基本上还是擘张弩，即士兵使用双手就可以拉开的弩，发射箭矢所需的力量最小，射程也最近。到汉朝时期，按照拉力的大小给步骑兵分配弩，步兵用的是力量更大的蹶张弩，骑兵才用擘张弩。但是在秦这边，不论步兵骑兵，都是清一色的擘张弩。此外，秦汉时期，弩按照所需拉力的分量，分作若干等级。通常而言，普通士兵能拉的弩弓，在一石（据《中国古代度量衡图集》记录，汉代一石约59斤）这个等级。如果能拉开两石以上的弩，是要受到重奖的。而一石弩的射程，为百步，差不多是现在的一百多米。秦弩比汉弩原始，主要是在准确度的判断上，有望山而无刻度，基本上就是靠个人经验毛估，所以真实的秦弩有效射程尚不足百米。至于AK-47自动步枪的有效射程，我不是专门研究现代枪械的，但也知道起码在三百米。这位馆长说秦弩的射程是它的两倍，这个结论不知从何而来。

其实，如电影《英雄》之类，大肆夸张秦军弩兵的战斗力，就是一种对历史的错误解读。这种历史影视不尊重史实的现象由来已久，实在也是没有办法的事。

接着说真实的历史，弩由秦入汉之后，在汉匈战争中便成为汉军碾压匈奴人的绝对王牌武器。前文所述的李广、李陵事迹，便是很好的证明。《汉书》里有一句话："胡兵五而当汉兵一。"五个匈奴人才能和一个汉人打平手，为什么呢？匈奴人的兵刃朴钝，弓弩不利。

到了东汉末年，袁绍和公孙瓒两股势力之间爆发战争，"绍令麹义以八百兵为先登，强弩千张夹承之"，就是这八百先登，击败了公孙瓒的骑兵。起初公孙瓒骑兵发起冲锋之际，麹义的部队都蹲在盾牌下面不动，差不多数十步距离之际，忽然全部同时起身，发出西北人的狼啸般叫声，继而"强弩雨发"，在东北一带纵横多年的控弦骑兵，有人说就是所谓白马义从，居然被一举打败。

当然，汉弩的终极版，还得说到诸葛亮的发明创造，我们一般叫它诸葛连弩，简称诸葛弩。弩箭用铁制，长八寸，将十支箭放在一个弩槽里，扣一次扳机，就可由箭孔向外射出一支，弩槽中的箭随即又落下一支入箭膛上，再上弦，又可继续射出——给人印象，好似机关枪一样，可以连续发射。

只不过，发明诸葛弩的蜀汉，和当初号称天下劲弩第一的韩国一样，命运都是顺应弱肉强食而被敌人所吞并。这恐怕也是因为，弩再厉害，也得有强大的军人来驾驭它。而强大的军人，更需有效的国家制度来组织协调，才能真正发挥作用。

就拿弩来讲，诸葛弩后来被一个国家加以改进，成为五矢连弩，体积、重量大大减轻，这是哪个国家的明白人呢？

马钧，魏国人！

同时还要讲一下的，是中国人的箭。由于箭在战争中大量使用，为了达到尽可能杀死对手的目的，早在商朝，便已经设计出了凸脊、三角形扁翼的铜箭头，这个造型关键就在于两翼的倒刺，一旦箭头刺入敌人的身体，倒刺就会牢牢钩住合拢的伤口而难以拔出，造成致命的流血伤害。到了秦人手里，又在箭头里大量掺铅，似乎秦人知晓铅对人有毒——当然也有一个可能，就是铜不够用了。

汉代开始铸造全铁质的铁箭，铜箭头的完全退出差不多在汉朝后期。此后扁平四棱形的锻制铁箭，便成为古代箭支的主流款式。在日后魏晋南北朝的演变中，箭头变得更硬更长，可以穿透越来越精良的铁甲，撕裂敌人的肌肉和骨骼，取其性命。

另一个就是射箭的小玩意儿——扳指！最初发明应该是在商朝，有人认为这个扳指，就是后来戒指的初期版，这个不知是否真的如此，但扳指确实作用巨大，因为拉强弓硬弩，对手指的伤害确实很大，没有扳指，射速必然因疼痛而降低，严重点甚至割伤手指。司马只是偶然有闲去射射箭，可若是没有牛皮护手的话，射不了一会儿就会感觉手部疼痛。所以扳指的出现，真的是古时候射手的一大福利。

第五节
盆领铁铠　全金属盔甲的问世

近代以来，中国人在历史认识上最为忽视的就是汉朝。由于影视及文化界长期的主观臆断，国人将大量关注点付诸两个戏剧性最强的时期，即秦与清，过分吹捧这两个朝代，导致了很多错误的认识。我们这本书专注于武器，那么这一节就来讲讲汉朝的盔甲——中国第一个真正的全金属盔甲时代。

首先要说，秦式皮甲在汉朝初期还有颇大的市场。20世纪40年代，曾在朝鲜半岛，也就是汉代故土乐浪郡的汉墓中，出土了皮甲残片。这种皮甲出现的高峰在战国时期，用皮绳捆起涂上漆的大型皮革甲片，用于提高耐久性，到了后期则进一步使用强度更高的金属制甲钉来做接合。但在秦始皇兵马俑这样的场合，大量武士俑依旧身着皮绳将甲片拼接而成的铠甲。

这种皮甲流行的基础，其实就是春秋战国时期中国的犀牛和野牛数量还算比较多。所以《左传》里有这样一句话，宋国华元的部下说："牛则有皮，犀兕尚多，弃甲则那？"也就是牛皮、犀兕皮都很多，丢弃一些甲衣没关系。结果另一人就听不下去了，起来反驳说，就算你有皮革，用来涂抹的丹漆不够了怎么办？原文便是："纵其有皮，丹漆若何？"当时制作皮甲，就是把牛皮、犀牛皮裁成块，连缀成甲，然后涂上漆。皮甲相对成本较低，战场实用效果又颇为不错，很快风靡整个中国，并随着汉朝的崛起，扩展到包含今天朝鲜、越南、蒙古国、俄罗斯等国境内的许多地区。

但是到了汉武帝时期，随着与匈奴的战争日益激烈，秦式皮甲显然已经远落后于时代，全金属盔甲开始大规模投入战场，并逐渐成为汉军装备主流，并得名曰"铠"。

为什么要强调全金属盔甲呢？因为在此之前，金属头盔已经颇有市场，只不过在战国时期，主要还是青铜头盔。而身上所着的铁甲，史料也有记载，如战国时期的中山国，《吕氏春秋》说他们"衣铁甲，操铁杖以战"，但应该是技术尚不成熟，所以中山国最终被赵国给灭了，铁甲也没有得到推广。加强版皮甲，也只是钉上一些青铜甲片和甲泡。

这个其实也可以理解，计算器传入初期，还有很多人喜欢用算盘。电子货币风行这么久了，纸币依旧是地球上绝大多数人的优先选择。

孔融，就是让梨的那位，曾经写过一句话："古圣作犀兕革铠，今盆领铁铠，绝圣甚远。"翻译过来就是古代的圣贤拿犀牛皮来做皮甲，今天却流行铁甲了，真是人心不古啊！其实孔融是个文官，说几句闲话自然不打紧，对于前线将士而言，全金属盔甲当然比什么犀兕革铠好。

《汉书》作者班固写过一篇《封燕然山铭》，其曰：“玄甲耀日，朱旗绛天。”这里的玄甲，就是铁甲（黑色，故称玄，玄的古义就是“黑”）。《史记》也说，霍去病去世那年，皇帝为了表示追悼，特别派出了一支身披玄甲的军队，排成队列，从长安一直到茂陵，即汉武帝刘彻自己的陵寝（霍去病的墓在茂陵东侧一千米处）。

这里的玄甲，就是全金属盔甲时代的第一档明星产品。

在刘备的老祖宗中山靖王刘胜墓里，曾出土过一件由纯铁热锻制成的玄铁甲。此外内蒙古呼和浩特市郊的二十家子汉城遗址，也发现过一领较为完整的铁铠。汉代的诸侯王陵，如临淄齐王墓、广州南越王墓、徐州楚王墓，均有铁铠的身影。西汉长安城武库遗址，更不用说也有。这些汉代铁甲的出土面世，充分证明了金属时代在当时的来临。

这一时期的盔甲，从此前春秋战国的皮甲开始，按照甲片的样式而论，我们一般又称之为札甲——原因是甲片形似书札（竹简）。西汉时期的玄铁甲，大体上都属于札甲，披挂形式大体分为前开对襟式、侧开系带式和龟甲吊带式三种，领口一般为方领样式。由于刚从战车时代过渡到步战、骑战，这类扎甲起初对下肢的防护理念非常薄弱，要等到与匈奴的战争实际检验之后，盔甲的防护范围才慢慢扩大，覆盖了从颈部到大腿的各个部位。

而把甲片层层抵扣，便是鳞甲的初期形态，两汉时期，这种鳞甲也已经批量装备军队。

三国时期曹植所作《先帝赐臣铠表》中写道：“先帝赐臣铠，黑光、明光各一领，两当铠一领。”这里的黑光铠应该就是玄甲，明光铠在后世大放异彩，所以我们先不讲，且说说两当铠。

“两当”是什么呢？《释名》里说“两当”就是一面挡胸，一面挡背，通俗点讲就是一件铁皮背心，某种程度上讲，也可以说是那个时代的防弹衣。之前我们提过汉代的南越王墓，就出土过这种装备——这种甲的优点就是节约金属材料，防护住了最要害的胸背两处，但其他部位你就看着办吧！

不过凡事都有个优化演变过程。两当铠到了东汉中后期，尤其是魏晋时期，出现了更为考究的骑兵款，附带有裙甲，膝盖以上的部位都得到了庇护，这显然就是一种与时俱进的表现。

前胸后背以下直至膝盖都有了保护，那么两肩呢？这个唤作披膊，先秦时期已经出现初期形态。到汉朝出现铁甲披膊，汉末至南北朝四百年的大分裂年代，相传是无所不能的诸葛亮，搞了一项技术创新，叫作筒袖铠甲，即整个铠甲均由鳞状甲片重叠连缀，带袖，能保护肩部上臂和腋下要害部位。

比较完整的汉朝盔甲，还有盆领这个部件，即孔融说的“盆领铁铠”，顾名思义就是好像铁盆式样的铁铠衣领，主要作用就是保护脖子。

南朝宋第七任皇帝刘彧初即位之际，人心不附，各地发生一连串叛乱。于是刘彧任命殷孝祖为冠军将军，统御各路人马抵御叛军。为了表示信任，刘彧把禁军才有的装备，即这套“诸葛亮筒袖铠”送给他，说是就算用二十五石的弩也不能射穿这套盔甲。

电影《赤壁》中，刘备和虚构的东吴大将甘兴，穿的就是两当铠，刘备的两当铠，也有类似“诸葛亮筒袖铠”的设计。

至于头盔，不得不说汉朝人比较粗犷，早期的头盔就好像我们今天戴的头巾，基本上就是拿铁甲片围着脑袋绕一圈，顶部是没有什么特别防护的——后来在甲片围上面加了一个盔顶，即先把一圈弯曲的长条形甲片缀连起来，再完成加顶，往后才演变出有盔枪的版本。与秦盔相比，你能发现后来的头盔最大的不同就是盔顶。

尾　声

单于夜遁　犯强汉者何以能虽远必诛?

在很多人的印象中，汉军在战场上使用的是没有骑兵的纯步兵战术，所谓“汉匈第一战”的白登战役，就是刘邦带着三十万步兵，迈着正步来到今天山西大同东北的马铺山，也就是史籍里的白登山，而后“哧溜”一下，稍不留神，前方的冒顿单于便不见了。刘邦东张西望，连草丛里也扒拉个遍，愣是没找到这人，走到白登山往下一望才发现，四十万匈奴大军，已然将这里团团包围，西面是清一色白马，东面是清一色青马，北面是清一色黑马，南面是清一色红马，匈奴骑兵把刘邦围了个水泄不通。

当然这里头有些细节，还是要说清楚的。

第一，刘邦并不是毫无战场经验的生兵蛋子，他不可能对匈奴人毫无怀疑，傻乎乎地就向前冲。事实上，他很多疑。事情的起因，就在于他总是怀疑镇守马邑（今山西朔州）的韩王信（不是楚王韩信），韩王被逼得没辙，这才投降了匈奴。

第二，刘邦更不是莽撞的人，而且随同他出征的，还有陈平、周勃、樊哙等一批文武重臣。在攻打韩王信的战争初期，汉军也确实打了一些胜仗，尤其是铜鞮（今山西沁县南）一战，杀死了韩将王喜，韩国的军队遭到重创，韩王信一溜烟地往北逃亡。

第三，刘邦部下并不完全是步兵，也有骑兵。在韩王信战败之后，匈奴的左、右贤王各带着一万多骑兵，已经出现在了前方。汉军的骑兵部队在晋阳、离石和楼烦西北，先后三次与匈奴作战，全部获胜。

所以，上白登之前，刘邦自我感觉良好，认为自己已经摸清了匈奴的套路和实力，还轻易下了结论：匈奴骑兵战斗力不强，人数也不多，以汉军的实力，可以搞定！

然后，便是白登被围。双方相持不下。此时正值隆冬季节，风雪交加，汉军士兵中被冻掉手指头的就有十之二三。而匈奴围困了七天七夜，也没有占领白登，最后大家讲和，刘邦答应招冒顿做个女婿，“长城以北，引弓之国，受命单于；长城以内，冠带之室，朕亦制之。使万民耕织射猎衣食，父子无离，臣主相安，俱无暴逆”。

那么这一仗，汉朝究竟输在哪里呢？除却谋略的因素，其实主要就是兵种的问题。匈奴派出的是清一色的轻骑兵，《史记》说，匈奴人打小就能骑羊，用弓箭射鸟鼠；长大了，就能射狐兔，所以几乎不存在士兵和百姓的区别，他们在本土是牧羊人，南下就是杀人放火打劫不皱眉的骑兵。

《李将军列传》里还记载了这样一个故事，说汉军的监军带着几十个骑兵外出，遇到三个匈奴人，互相对射，结果那几十个骑兵全部被射死，匈奴人却毫发无伤，因为他们是草原上的神箭手，即所谓“射雕者”——金庸就是受这个启发，后来写了《射雕英雄传》。

所以不是汉朝没有骑兵，而是中原人都是种田农民出身，玩锄头才是专业，射箭只是业余水平。业余的和专业的玩死亡竞争模式，当然是必输无疑。

而且中原当时的骑兵，还处于从战车附属兵种向独立兵种的过渡阶段，他们习惯的，是讲规则的、慢慢来的战车来回厮杀模式，譬如说两军对阵，就得先布个阵，步兵方阵为中军，骑兵方阵为左右军。直到后来卫青北伐，也是这样的布阵模式：“大将军出定襄。郎中令为前将军，太仆为左将军，主爵都尉赵食其为右将军，平阳侯襄为后将军。”

你说汉朝错了吗？其实并没有错，西方的罗马人也这么干（而且当时的罗马人更依赖步兵）。

实际上，汉朝并不是打不过匈奴，只是吃亏在一个“快”字上。骑兵在古代战场，具有无可比拟的超强机动性，可以出击敌人后方，阻断敌军粮道，达到困死敌军、不战而胜的目的。汉朝的骑兵远不如匈奴骑兵那般快捷如风，这才是最大的问题，至于射术是否精准，倒在其次了。

要知道，以步对骑，骑兵占优势的一方只需采用频繁的侧面冲击，发挥机动性，冲乱敌阵，便可获得完全的胜利。

而步兵一方，哪怕暂时击败了对手，也不能说就获得了胜利。因为骑兵转瞬就会发起新的一波攻击，直到对手被冲垮为止。哪怕是冲不垮你们，你们总要吃饭吧，骑兵只需反复拦截对手的粮道，一旦粮草断绝，步兵一方也是死路一条。

所以，刘邦虽然有三十万大兵，也解不开这个死局。

唯一的办法，就是王牌对王牌。汉朝也发展一支能跑能射能打劫的骑兵队伍，这才是以毒攻毒的终极策略。

怎么办？其实说白了很简单，就是养马——“弼马温”的重要性，这个时候就体现出来了。当然养马不是养鸡，是要花大本钱的，所以先要攒点资本。怎么攒？就是“休养生息”四个字。从刘邦开始一直休养到文景二帝，后来才颁布了一道马复令，民间谁养马谁就可以免除劳役，同时设立管理马政的机构，从地方的马丞一直到中央的太仆。

有没有效果呢？当然是有的，到汉武帝时代，大汉帝国已经从一开局的“厩马百余匹”到拥有四十余万匹厩马，是妥妥的大佬了。司马迁说，京师长安府库里储备的钱，达到数百万，串钱眼的绳子都烂掉了。太仓里的粮食“陈陈相因，充溢露积于外，腐败不可食”。至于马，则是众庶街巷、阡陌之间成群，老百姓出门，若是骑匹母马，简直是要被笑掉大牙，连聚餐都不给上座。

汉朝虽然维系着北方的和平，对其他地区的所谓“蛮夷”却毫不客气。一番东征西讨下来，南方的越人骑兵，西方的羌氐骑兵，东北方向的胡人骑兵，都加入了汉军阵营，称为“三校尉”：越骑校尉、长水校尉、胡骑校尉。

马多钱多人多，汉武帝再配置对匈奴的武装力量，就可以豪奢了。譬如霍去病打匈奴，你以为就是霍去病一个人光着膀子往前冲吗？一个汉军骑兵，配置三匹马，一匹不打仗，只携带物资，还有两匹轮流换班骑。所以封狼居胥一役，霍去病带了五万骑兵，按理应该带了十五万匹马，最终杀了三个王，八十三个将军、相国、当户、都尉，斩下七万四百四十三颗首级，从此“匈奴远遁，而漠南无王庭”。

匈奴为什么一遇到卫青、霍去病就跟病猫似的，完全没有对战能力？说白了这军事实力的差距实在大啊，当时草原人唯一的强项是弓箭，而汉军骑兵除了弓箭之外，还有马刀，前文所言的环首刀。汉朝冶炼技术的发达，铸就了更适于马上作战的利器，刀脊厚、刃锋利，适于劈砍，再加上长矛和弩，匈奴人跑又跑不过，打又打不过，你说怎么搞？

不过，对于中原而言，骑马还需要等待一项重大发明的出现——马镫。目前所知最早的马镫，出土年代是西晋，但实际上应该还要更早。马镫的出现使骑兵的近距离格斗战相对更容易，且有利于骑兵的长距离行军，能更有效地发挥出骑兵机动性好、冲击力强的优点。

从汉朝中期开始，一直到晋朝八王之乱自己把自己搞烂为止，中原的骑兵都领先草原整整一个时代，也正是这个缘故，哪怕是中原内乱，譬如汉末三足鼎立的那个时代，宦官乱政的东汉、搞不定孙权和刘备的曹魏，对付起北方的游牧民族来，简直就跟玩似的。曹操的儿子曹彰，你看他在中原有什么军功？能打败魏延还是能打败甘宁？可是他到北方草原之上，横挑乌桓，以一千人追着几千人跑，直到桑干河，吓趴了鲜卑柯比能，这难道真是因为曹彰有多厉害，是个跨越时代的超人吗？其实其中很大的因素，就是中原民族的科技优势体现在了军事上，完全压倒了草原民族。

汉元帝建昭三年（公元前36年），此时担任西域副校尉的陈汤，听说匈奴的郅支单于，联合康居，欺凌乌孙、大宛等国，更有向西攻打安息（今伊朗）、向南侵占月氏、在中亚复兴匈奴的可能，于是发兵向西，推进到郅支城（今哈萨克斯坦南部的江布尔州）。郅支单于当时已经不是单纯的草原风格，他的手下有数百名穿着锁甲的步兵，在城门两边布下鱼鳞阵势，更有百余名骑兵作为策应。当汉军逼近城池之际，发现土城之外还有一座木城，匈奴人居然能从木城中向外射击。说到这里，说几句旁外的话。东西方都曾有人提出猜测，说公元前53年古罗马曾与安息发生过一场战役，约六千名罗马士兵在战后失踪，于是他们看到这段郅支城之战的记载，认为这些锁甲鱼鳞阵士兵就是罗马人。20世纪80年代，也确实有人到甘肃一个唤作骊靬的村子进行探访，他们认为骊靬就是大秦，大秦就是古罗马，所以当年被俘的罗马士兵，可能就是被汉朝安置在了这里。这个事情一度炒得热闹非凡，当地还建起了一座骊靬古城遗址，大搞罗马特色风情旅游，但实际上这事并不靠谱，随后兰州大学对骊靬居民的线粒体基因测序表示，他们就是东亚人种，跟罗马人没有一毛钱干系。而从时间上来讲，骊靬县早在公元前60年以前就已设立，比陈汤的军事行动早了二十多年，这个地名，又怎么可能和郅支扯上干系呢？所以这个脑洞大开的想象已经被证明为子虚乌有。2015年上映的电影《天将雄师》，完全是一出历史空想剧而已。

最终，陈汤攻破了两座城，郅支的首级被挂在长安城头，证明了那句千古名言："犯强汉者，虽远必诛。"区区一支汉朝的地方武装，何以能干掉匈奴单于？陈汤对此的解释是：胡人的兵器原始笨重，弓箭也不如汉人锋利，所以打起仗来，五个胡人的战斗力，仅相当于一个汉人士兵。这也就是说，所谓"五胡一汉"，并不是单论体力而言，正常而论，其实游牧民的体能素质要强于农耕居民，这里的真相，是汉朝的军事科学技术高于匈奴的客观事实。

而这，恐怕就是整个冷兵器时代，汉人最强大的时刻。"科学技术是第一生产力"，其实，也是第一军事实力。军队人数的多少，即便在古代，也不是一个能起决定作用的因素，科学才是！

第四章

隋唐　铁骑耀甲　往来如风

两汉时期，匈奴的草原游牧骑兵，最终被汉朝的步弩、环首刀加骑兵的模式彻底击溃，此后一直到三国西晋，中原王朝的军事优势维持了数百年。但是到西晋后期，这种局面却被彻底破坏。其中原因，除了政治因素外，便是当时军事上的一项技术革新，即所谓“具甲骑兵”的出现。

中原的步兵防御体系，终于在那一刻支离破碎！

第一节
重甲骑兵　魏晋南北朝最牛武装

战马披甲，其实可以追溯到很遥远的年代。《左传》描述城濮之战时，就说晋军在驾车的马匹身上披了虎皮，以吓唬楚国的战马。齐、晋鞌之战，齐顷公过于轻敌，马不披铠甲就冲出去，结果一败涂地。而湖北荆门的一座战国时期楚墓的发现显示，当时战车的辕马，身上确实披挂上了甲片编缀的皮甲，而且从颈部一直包到身体。

到了汉代，轻骑兵占据主流，当时的骑兵，既没有马靴（足踏麻鞋而已），更没有马鞍和马镫，披甲更是少之又少，有好事者排摸统计了一下，说披甲骑兵只占到总数的百分之八。而这个“甲”，应该也就是所谓用皮革制成的“当胸”。

其实皮革制的马铠也不错，后世在四川的峨边彝族自治县，发现了象皮制造的战马铠甲，最厚的有十四毫米，防护值感觉也不低。

东汉三国时期，文献里出现了马铠的痕迹。譬如曹操写了一份《军策令》，说袁绍这家伙真是豪奢，居然有三百具马铠，而我自己，却连十具都没有。

或许是被早期的落魄刺激，稍后曹操便组织了一支特种骑兵部队，名曰虎豹骑。与袁谭的南皮之战，这支特种部队便由曹操的堂弟曹纯带领，对袁谭发起“急攻”，最终取得了斩杀袁谭的好成绩。白狼山之战，这支虎豹骑更是面对草原之子乌桓骑兵，打得有声有色，乌桓被冲击得阵势大乱，蹋顿单于即死于虎豹骑之手（另一说是为张辽所杀）。

随后，曹操很可能将乌桓骑兵加入虎豹骑的行列之中，所以这支特种部队，又有轻骑兵（豹骑）和重骑兵（虎骑）两个不同兵种。建安十三年（208年），曹纯“从征荆州，追刘备于长坂，获其二女辎重，收其散卒”，这里的曹纯，显然带领的是轻骑兵，或者说是卸去重甲的骑兵。

虎豹骑的另两次露脸，则是在攻打马超、韩遂的战场之上，阵斩了西凉大将成宜、李堪；汉中之战期间，打败吴兰、逼退张飞，掩护曹洪、徐晃撤出汉中，都是他们的战绩。

虎豹骑的重甲部分，据《三国志》的介绍，是出现在曹操与马超、韩遂的对阵中，“列铁骑五千为十重陈，精光耀日，贼益震惧”，能让以骑兵著称的西凉马超震惧，可以想象这支重甲骑兵的强大——至少是外表强大。

另一支疑似的具甲骑兵，可能属于西晋八王之乱的赵王司马伦，他在与成都王司马颖的战争中，派出了一支三万人的骑兵，号称“精甲耀日，铁骑前驱”，结果却被司马颖打得一败涂地，最终自己也丢了性命。

虽然开局如此凄惨，但这里却透露出一条消息——所谓重甲骑兵，他的重甲技术其实来自中原，曹操的虎豹骑、司马伦的精甲铁骑，都可能是这一兵种的早期状态。曹操与马超的战争中，“先以轻兵挑之，战良久，乃纵虎骑夹击，大破之”，可见当时的作战特点，就是先以轻骑兵发起冲击，消耗对方大部分体力之后，再由穿着重甲的虎豹骑发起突击，给予对手沉重打击。再强大的敌人，也无法经受这样迅猛的组合式打击，阵势迅速崩溃而落败。

可惜的是，战术上的革新未能给当时的晋王朝带来军事上的优势，由于政局的腐败糜烂，反而把这个机会送给了当时的“五胡”。匈奴、羯原本就是马上民族，降服晋王朝之后，迅速接触并掌握了中原的军事技术，相较汉人，他们更能有针对性地运用轻重甲的不同特点。譬如前后两赵的成皋之战，石勒发现前赵疏于防守，便下令士兵脱下重甲，马匹衔枚噤声，从隐秘的小道日夜兼行，由巩县和訾城之间穿出，一举击破前赵军，生擒前赵皇帝刘曜——这里要说的是，刘曜也是很重视重甲骑兵建设的皇帝，他曾“召公卿以下子弟有勇干者为亲御郎，被甲乘铠马，动止自随”，只不过棋错一着，输给了对手。而石勒，在多次战役中都有缴获马铠的记录，譬如312年的襄国之战，敌军大败，

“枕尸三十余里”，石勒缴获“铠马五千匹”；打败代国的名将姬澹，又缴获上万具马铠。显然他所统御的后赵骑兵，更具侵略性、更有战斗力。

稍后，这种以重甲为主要特点的骑兵部队，便发展演变成为在整个南北朝隋唐时期都赫赫有名的“甲骑具装”，通俗地讲，就是连人带马，全部用铁甲包裹起来。马的面部，用一块狭长的金属制的护面保护起来，还颇为体贴地开了眼孔，称为“面帘”；马的颈部，则由甲片缀成一副护甲，前面有搭扣可以扣上，称为“鸡颈”；马的身体，自然就是“马身甲”；马匹前中后的大片护甲，称为“搭后”；放在马尾部的向上翘的扫帚一样的东西，则唤作“寄生”。

《唐律疏议》将马铠具装归类到平民百姓不能拥有的私有禁兵器中，发现老百姓私藏一套马铠，就要流放二千里，私藏三套的话就干脆砍掉你的脑袋。不允许老百姓拥有马铠具装，事实上也就证明了这件物件的军事价值，是何等之高。

重甲骑兵，不可缺少的道具还有马镫。李约瑟曾言：“只有极少的发明像脚镫（马镫）这样简单，却在历史上产生了如此巨大的催化影响。中国的马镫在最初帮助了欧洲封建制度的建立。”在秦汉之际，马鞍已经出现，但供人上下马匹的马镫却迟迟没有发明出来。而没有马镫，人就不能很好地固定在马背上，人的力量、马的力量、武器的力量就不能合而为一。所以别看马镫是个小玩意儿，没有它，骑兵尤其是重甲骑兵，就很难成气候。

那么最早的马镫出现在哪里呢?

首先，是所谓单马镫，目前已知最早出现的地点很让大家意外，不在西北也不在东北，而是中国的南方水泽之地，魏蜀吴三国之中的东吴。2019年，南京的幕府山上，发现了东吴后期名将丁奉的墓地。这个丁奉，就是《三国演义》里“雪中奋短兵”的那位——大多数读者读三国，读到诸葛亮北伐失败就不再继续阅读，对丁奉确实不熟悉。

在丁奉的墓中，考古人员发现了一些鼓吹俑，我们今天所讲的马镫，就在其中一具陶俑之上得以完整保存。再去联系陈寿的《三国志》，读《吕岱传》，里头有一句:“又知上马辄自超乘，不由跨蹑，如此足下过廉颇也。”这里的“跨蹑”，我们认为就是辅助上马的工具，很可能说的就是马镫。丁奉墓的鼓吹俑的马镫位置就很明显。

那么为什么把这个叫作单马镫呢?因为它的用途，其实就是帮助不太擅长马术的南方人从一侧上马，所以只有一侧才有。如果较真的话，这个其实是艺术加工的物品，不是实物。真正最早的一件马镫实物，还是在辽宁西部的朝阳发现的。20世纪60年代，在朝阳冯素弗墓出土了一副木质外包铜皮的双镫。随后在80年代和90年代，又陆续发现了木芯外包皮革和木质加一周薄铜条的双镫。

这个冯素弗是谁呢?他是十六国中少有的汉人政权——北燕的重臣，从这个发现也可以说明，将马镫和“甲骑具装”装备在骑兵队伍中，得归功于东北的燕国。北燕的前身，便是金庸小说里著名的慕容家，慕容鲜卑是当时将草原文明与汉文化结合得最好的代表之一，他们得以进入中原，掌握了重装骑兵的装备铸造技术，应该是一个重要前提。

燕国的马具，也很快影响到当时仅一河之隔的高句丽（后期也称“高丽”，但区别于10世纪建立的“王氏高丽”）。高句丽兴起于4世纪，当时正是中原大乱，高句丽乘此机会，从其发祥地辽宁省桓仁县，陆续夺取了乐浪郡、带方郡，到4世纪与5世纪交替之际的广开土王时代，更是将辽水以东大片土地全部纳入其版图。至7世纪灭亡之前，其常备军达到六十万之众，而“甲骑具装”的重骑兵，就是高句丽军队的主力，样式几乎与中原骑兵完全一致。他们的盔甲，也分为战士的铠甲与战马所披挂的马铠，甚至还颇为体贴地准备了便于士兵登山而特制的铁钉履和军官冬季防滑穿用的鎏金铜钉鞋。

为什么隋炀帝加唐太宗都拿不下这个小小的高丽（隋唐时期，史书中多称“高丽”，下文都以“高丽”称之，与前文“高句丽”为一国），一直要拖延到唐高宗才完成最终的统一大业？原因就在于这里。隋炀帝东征之际，发动了堪称史上第一流的重骑兵。《隋书》说，当时隋帝国骑兵共有二十四军，每军拥有“骑兵四十队。队百人置一纛。十队为团，团有偏将一人。第一团，皆青丝连明光甲、铁具装、青缨拂，建狻猊旗。第二团，绛丝连朱犀甲、兽文具装、赤缨拂，建貔貅旗。第三团，白丝连明光甲、铁具装、素缨拂，建辟邪旗。第四团，乌丝连玄犀甲、兽文具装、建缨拂，建六驳旗……”如此计算的话，整个远征军的具装骑兵将近十万人，这绝对是一个惊人的数字。

或许问题也就在这里，打仗不是摆排场走队列，更不是扭秧歌唱大戏，阵容摆得再豪华，也得不到合理的分配使用，这就是隋炀帝东征最终以失败收场的关键所在。

到了李世民时代，所使用的重甲骑兵人数就到了一个比较正常的数值，譬如644年，发动江、淮、岭、硖兵四万，长安、洛阳募士三千，从莱州走海路向平壤进军。辽东的六万军，则走陆路。推进到安市城，即今天的辽宁省海城市，高丽发动了十五万人前来援救，李世民立即派出一千突厥骑兵诱敌，将高丽骑兵引至安市城东南，依山列阵。随后，李世民便委派李勣带一万五千人设阵于西岭，长孙无忌一万一千人为奇兵，从山北出狭谷去攻击敌人的后方。李世民自己则率领四千精兵，挟鼓角，偃旗帜，登北山上，命令各军听到鼓角声就一起出击奋力进攻。当他望见长孙无忌军尘起，便命令作鼓角，举旗帜，各路军队鼓噪并进，薛仁贵一马当先冲入敌阵，斩首两万多，于是高丽军大溃。

但即便是以唐朝为敌手，高丽依旧抵抗了二十多年，直到668年才在李勣、薛仁贵的攻击之下亡国。能抵抗这么久，高丽的重甲骑兵，以及身着兜鍪和甲、手持长枪和方盾的重步兵，显然起了很大作用，所以他们的形象，也常常能在高丽的壁画中看到。

高丽的冷兵器，颇为发达，只有少量为铜制，绝大多数为铁制兵器，如铁矛、长刀、陌刀这样的长兵器，环首刀、三棱形铁刺这样的短兵器，以及鸣镝和铁镞这样的抛射兵器。其中鸣镝颇具地方特色，是一种飞行中翼孔鸣响的警报用具。此外如青铜短剑、斧钺，也在使用。

所以南北朝时期，南朝不止一次地想到与高丽联手对付北朝，也不算是异想天开。

第二节
白直却月　没有铁骑的南朝也曾牛过

在南北对立的那个时代，缺少马匹的南朝，为了抵御强大的北朝骑兵，也积极组建自己的具装甲骑。《宋书》记载刘宋的大军讨伐沔北诸蛮，采用的战术，就是“以具装马夹射”，结果是“大破之”。

只是南方资源有限，只有巴蜀和南中有一些产马地，除此之外，就只能到东北的高句丽、西北的吐谷浑甚至是遥远的柔然买马，可以想象难度之大。东晋末年的大将，也就是刘宋的开国皇帝刘裕，曾在石头城的保卫战中，派出一支五颜六色的骑兵，即“鲜卑具装虎班突骑”，这是刘裕消灭鲜卑人建立的南燕国之后招降而来的部队，穿上五色被练之后，部署在从“淮北至于新亭”的战线之上，遏制了敌军的进一步北上。这位刘裕，也就是辛弃疾在《永遇乐·京口北固亭怀古》中所言“斜阳草树，寻常巷陌，人道寄奴曾住”的寄奴。

老实说，为了抵御北方的骑兵，刘裕真是挖空心思。后来他讨伐盘踞关中的后秦，大河以北的鲜卑北魏出兵拦截，当时数千名北魏骑兵沿着黄河巡逻，只要刘裕的士兵一靠近北岸，或只是被大水冲到北岸，就被杀害。而刘裕派兵发起攻击，北魏骑兵就立马撤走，刘裕一退便又杀过来，如此再三，令人烦不胜烦。

于是刘裕派出七百个白直队员。白直队，是刘裕当年创业之际，从白丁也就是普通老百姓群体中挑选壮勇者组成的精锐特种部队。白直队不是赤手空拳去的，他们还带了一百辆战车，到了北岸，就把这一百辆车排成一个弯月队形，即所谓“却月阵”。每辆车上安排七个人，而后树起白羽大旗，刘裕的后续部队看到大旗，即派出两千人为第二梯队，携带一百张大弩，于是每辆车的人数增加到二十七个人，架起盾牌。此时北魏终于发起进攻，三万大军，冲向一共仅有二千七百人的宋军阵营，就算弩箭也不能阻止。这个时候，刘裕的士兵便拿出一千支铁矟。铁矟又叫作槊，锋刃长达五六十厘米，还有明显的破甲棱，据说普通的鱼鳞锁子甲甚至是明光铠在槊面前，都是一击而破。

这个时候，刘裕的士兵就把铁矟折断，只保留一米长度，拿铁锤把铁矟的尖锐锋芒敲得更为尖锐锋利，而后便从战车上一矟扎下去。《资治通鉴》说：“一槊辄洞贯三四人。”于是魏军便崩溃了。

这样的打法，确实在特殊场合取得了完全的胜利，比如在黄河北岸，仿效韩信的背水一战布阵法，背后是黄河，北魏就无法采取骑兵两翼包抄至背后袭击的打法。在别的地方能不能这样做阻挡北魏骑兵？如果可以，刘宋将领为什么不这样做？之后南北大战，刘裕的儿子刘义隆，面对鲜卑骑兵，几乎就是一点办法没有，以致于辛弃疾只能长叹：“元嘉草草，封狼居胥，赢得仓皇北顾。四十三年，望中犹记，烽火扬州路。可堪回首，佛狸祠下，一片神鸦社鼓。”

正因为这样，重装骑兵在之后的主打地位，不但没有削弱，反而日益加强。南朝宋在刘裕时代取得的压制北方优势，迅速丧失。450年，刘义隆以王玄谟为大将，誓师北伐，结果围攻滑台数月，无法攻克，很快北魏援军到来，王玄谟的部下请求仿照刘裕，以车结阵做抵抗，结果王玄谟一口拒绝。随后拓跋焘渡河南下，刘宋的北伐军，在骑兵冲击之下，一触即溃。

那么如果结成车阵，是不是就能阻挡北魏骑兵的攻击呢？同一年，在今天的安徽寿县，八千宋军遭遇八万北魏骑兵，宋军主将刘康祖，也是结车为营，与北魏军恶战一天一夜。宋书说：“杀虏填积。”于是魏军分成三路，用骑兵驮草，企图放火烧毁车营。就在双方恶战之际，一支冷箭射中刘康祖的颈部。主将阵亡，宋军登时全军崩溃，只有数十人得以逃离。

由此看来，答案是很明显的，步兵只能在少数几种地形，如江河，如山地丘陵，才有可能依仗地利，采用结营或城寨之类的办法，阻挡、击退骑兵的攻击。要在黄河以南、长江以北的大片平原，确实很难阻挡北方的重骑兵。

这也就是历史上反复出现北朝灭南朝现象的原因，如晋灭东吴、隋灭陈、金灭北宋、元灭南宋。如果单讲军事地理，定都汴梁、建康，显然是劣于长安、洛阳的。

对于北方政权而言，具装铁骑其实还可以配合弓骑兵加以使用。498年，北魏攻击南齐的邓城，北门这边还在和敌人鏖战，扼守南门的南齐大将崔慧景却已弃城出逃，于是北魏军左右夹射，南齐士卒登时从撤退变成崩溃，史书说："士卒赴沟死者相枕。"

有时，北朝还会组织一些步骑兵的配合攻势，譬如用步兵以砧板姿态吸引南朝军队的注意力，而后以具装骑兵绕至侧后方发动冲击。这种致命的最后一击，往往发生在双方步兵缠斗激烈、难分胜负的状态之下。孝文帝时期，北魏将领韦珍攻击"据淮逆拒"的南齐将领苟元宾，韦珍的对策便是"分遣铁马"，到河流的上游潜渡，而后一面以步兵与南朝军交战，就在旗鼓始交之际，他的重甲骑兵从侧后翼杀到，形成腹背合击之势，于是南军大败。

因为这个道理，骑兵为王，尤其是重装骑兵的杀伤力，赢得了当时几乎所有势力的认可。南朝无马可用，直到507年，才在今天的安徽凤阳附近，依靠淮水暴涨的机会，以水军一举击破北魏军队，此役魏军阵亡及淹死者各十余万，另有五万人被俘，被称为"南北交战以来南朝所未有之一大捷"。

南朝不仅是没有一支值得一提的骑兵部队，更重要的是没有指挥骑兵的人才。儒将陈庆之就是当时的一个奇迹，在北方铁骑追着南方步兵打的年代，他却能一枝独秀。早在527年涡阳（今安徽蒙城）之战中，他便以两百名突骑兵奔袭敌营，击败北魏的先头部队，随后趁着魏军连修十三座营垒，陈庆之又发动夜袭，出动骑兵，战马衔枚，一口气连破四个营垒。随后陈庆之擂起战鼓，剩余的九个营垒，也一一告破，魏军的尸体塞满河面，几乎令涡水断流。两年之后，他带领七千人，从安徽宿州出发，一举攻入河南，北魏九个营垒，他从早上攻到下午，攻破三个，迫使敌军投降。北魏的济阴王带着两万羽林军前来阻截，被陈庆之全部歼灭，济阴王也被活捉。北魏的东南道大都督带着七万人镇守荥阳，也被陈庆之攻破生擒。随后元天穆、尔朱兆（尔朱吐没儿）等各路人马会聚，号称三十万人，将陈庆之合围，结果陈庆之出动三千骑，就把元天穆、尔朱兆打得落荒而逃。随后陈庆之攻打虎牢，尔朱世隆弃城而逃。就连北魏皇帝也避其锋芒逃往山西。陈庆之攻打洛阳、大梁，全部攻克。洛阳城中童谣有云："名师大将莫自牢，千兵万马避白袍。"

第三节
马槊问世　大唐将军最爱的长兵刃

在民间传说和小说、评书里，大唐开国名将尉迟敬德面如黑炭，擅使的兵器是一对铁鞭。《说唐》里有这么一段故事，说李世民东征王世充期间，恰逢端午节，于是出营观景，正在转悠，被单雄信瞅见了，于是单雄信提着一支长槊便来取李世民性命。陪李世民看风景的徐茂公赶紧找人来救，正好撞见尉迟敬德在洗马，尉迟敬德立马提鞭上马，只见李世民在前头跑，单雄信在后面追。尉迟敬德大喝一声，便拦下单雄信厮杀起来。战不到三个回合，尉迟敬德一把抓住单雄信的槊，回手一鞭，单雄信空手逃走，这便是所谓的“单鞭夺槊”。

不过，故事终究只是故事，真实的历史中，尉迟敬德并不用鞭，因为战场上大规模出现鞭这种击打兵器是在宋朝，他使用的是故事里对手用的兵器——槊。《旧唐书》记载的真相是这样的：

“因从猎于榆窠，遇王世充领步骑数万来战。世充骁将单雄信领骑直趋太宗，敬德跃马大呼，横刺雄信坠马。贼徒稍却，敬德翼太宗以出贼围。更率骑兵与世充交战，数合，其众大溃，擒伪将陈智略，获排槊兵六千人。”

尉迟敬德使用槊，不仅是事实，在当时还颇有名气。李世民的弟弟——齐王李元吉，也喜欢这件兵刃，而且颇为擅长，听说尉迟的名气，就要和他比画比画，当然这种比画，一般是要去除槊刃，也就是没有危害性，仅仅以竿相刺。尉迟敬德就说了：“就算你加上刃，也伤不了我，这样吧，你不用除刃，我把刃除掉就可以了。”这也就是说，李元吉拿着一柄带刃的槊，刺向只拿着槊柄的尉迟敬德。

然而两人比画半天，李元吉终究刺不中尉迟敬德，李世民在一旁看着就乐了，问尉迟敬德夺槊和避槊哪个更难。尉迟说夺槊难。于是又让尉迟赤手空拳夺元吉的槊，而且李元吉还牵来一匹马，骑在马上做这件事。结果没多久，尉迟便连续三次，成功夺下李元吉的槊。

稍后李世民和窦建德大战，李世民提着弓箭，让尉迟拿着一把槊，跑到窦建德的营垒之下大呼小叫。窦军大吃一惊，乱了半天才发现李世民这边只有几个人，于是派出几千骑兵。李世民搭弓射箭，射死几个带头的，等到窦军快追上，尉迟敬德又用槊杀死十几人。窦军正在惊疑之际，李世民的伏兵杀出，于是大破窦建德。

槊，便是尉迟敬德那个年代的骑战主流兵器。大唐开国诸将，多数用的都是这种兵器，知名武将除了尉迟，还有程知节、秦叔宝等。程知节就是演义里的程咬金，民间艺人都说他外号“混世魔王”，使一柄八卦宣花斧，绝技就是三板斧，其实那都是艺术虚构，人家是使槊的。《旧唐书》也说，程知节善用马槊。

秦叔宝，是演义里山东历城县一名马快班头，人送绰号“小孟尝”，用的是双锏，但《旧唐书》又说，秦叔宝也善用马槊，他曾凭着一支槊，“拔贼垒则以寡敌众，可谓勇矣”。

历史上除了这几位，在唐之前和之后，其实都有使槊的名将。譬如南北朝时期，北方有一个高敖曹，马槊绝世，“左右无不一当百，时人比于楚霸王项羽”，这是在前。又譬如唐之后有个李存孝，“每临大敌，被重铠櫜弓坐槊”，时人把他比作三国名将张辽、甘宁。

槊究竟是怎样一件兵器？为什么很多史料上还有马槊之称呢？东汉末年，当时的北海郡，也就是现在的山东省寿光市，出了一个孝廉，叫作刘熙，此人后来一直做到交趾郡的太守，也就是今天越南北部的地方官。到建安年间，天下大乱，他就避乱居住在交州（岭南，州政府在今广州），收了几个徒弟，程秉（东吴太子太傅）和薛综（太子少傅）都是他的弟子。

刘熙这么一个夫子，又和咱讲的冷兵器有什么关系呢？因为他写了一本《释名》，有点像是今天的《现代汉语词典》，其中就有对槊的解释——什么是槊呢？稍就是槊。什么是稍呢？一支长矛，如果长度达到一丈八尺，那就是稍。

一丈八尺有多长呢？这个我们也只能估算一下，汉代的一尺大概是二十三厘米，一丈八尺也就是十八尺，即四米半不到，也就是两个姚明的身高差一点。张飞如果真是使丈八蛇矛，他那兵刃矛尖，姚明就算高高跃起，也无法摸到。所以，槊这种兵器，注定了就是骑兵的专宠——虽然后来有步兵槊的出现，但长度已经大打折扣，完全不是那个款了。

至于槊的出现，应该不会早于东汉，因为直到南朝梁，皇帝亲自写的《马槊谱序》，还在说："马槊为用，虽非古法，近代相传，稍以成艺。"这么说吧，槊的问世，完全是因为重骑兵的需要。我们现代人，可能更熟悉欧洲中世纪那种骑士拿着长矛冲向敌人的画面，实际上，中国人的槊，就是这种性质的武器。

所以，中国重骑兵兴盛的魏晋南北朝乃至隋唐，就是槊的黄金岁月。

南朝名将羊侃，《梁书》说他"执稍上马，左右击刺，特尽其妙"。北朝孝文帝南巡至寿阳，也就是今天的安徽，随行军队使用的长兵器，就是"槊多白真毦，铁骑为群，前后相接"。

重骑兵是一个很费金的兵种，他们所看中的兵器槊，自然也不会太便宜。尤其是上等马槊，往往使用柘木——又名桑柘木制作，其硬度与柔韧度均极其出色，据说其拥有弯折回弹、瞬间复位的刚柔并济的能力，这或许正好适合长兵器的需要。

一支好的马槊，讲究颇多，除了用柘木，还必须用油反复浸泡。等柘木泡得不再变形，不再开裂，要耗时将近一年，之后放在阴凉处风干数月，再用上等胶漆胶合为一，外层再缠绕麻绳。待麻绳干透，涂以生漆，裹以葛布。葛布上生漆，干一层裹一层，直到用刀砍上去，槊杆发出金属之声，却不断不裂，如此才算合格。然后前装精钢槊首，后安红铜槊纂。要求做到用一根麻绳吊在槊尾二尺处，整个丈八马槊可以在半空中如秤杆般两端不落不坠，如是方为合格——这么严格当然是有道理的，因为骑兵需要保持槊尖向前而不费丝毫力气，所以一支合格的槊，就必须轻、韧、结实。

有读者曾问，这么考究厉害的武器，为什么到宋朝以后就在战场上几乎销声匿迹了呢？这个答案其实也很简单。槊完全是配合骑兵使用的，北宋之后，失去了西北和东北两个重要的产马地，连马都没了，还要槊干什么？而且方才也讲了，造一把槊的成本如此昂贵，为什么不把这些木料和精力，拿去造弓弩和火器呢？

当然，一件武器失去实用价值，并不意味着它就会完全消失。事实上还有人记得这是一件很威风的兵器，以至于后来的说书人，讲到特别厉害的枪棒式兵器，就称之为槊。《说唐》中单雄信的兵器枣阳槊，其实已经是一种狼牙棒和真实槊的合体，所以也有人叫它狼牙槊。《大明英烈》中，还有人使用一种禹王槊，那就更异想天开了，基本形状是一根铁棒的前面铸有一只手，这样的兵器，也只有以耸人听闻为生的说书人才想得出来，实际的战场上，是绝不会有的。

第四节
步骑相抗　砍人斩马如何两全其美?

世上之事，总是一物降一物，重骑兵时代的来临，便促使他们的对手千方百计想出一个应付的招数来。

这件兵刃，还真是深受骑兵之苦的南方人想出来的，最初的制造者可能是江淮一带的工匠。《新唐书》说，隋末的江淮起义军杜伏威，手下有个猛将，姓阚名棱，长相就很雄壮魁梧，他所擅长的兵器，就是一种长一丈、两刃的刀。战场之上，他一挥动这把刀，就杀死数人，几乎是战无对手。后来杜伏威归降了唐朝，阚棱也跟随归唐，做官做到越州都督（绍兴军区司令）。等到江南枭雄辅公祏打着杜伏威的旗号反唐，阚棱便被派去镇压叛乱，结果他中了反间计，被李世民的堂哥李孝恭处死，一直到李世民即位，才得以平反。

可能就是这个时期，阚棱擅用的这把刀，便传到了北方，得名陌刀。可是为什么叫这个名呢？难道是北方人觉得这把刀看上去很陌生？又或者按照“陌”的本义，是指田间东西方向的道路，引申为生疏不熟悉？而这把刀叫陌刀，很可能就是“开路之刀”的意思。

从历史事实来看，唐朝军队，确实是将陌刀作为开路大杀器来用的，随后更发现拿这种兵器来对付漠北骑兵，颇有奇效。裴行俭就组建了一支陌刀部队，用于压制突厥的骑兵优势。《资治通鉴》记载，裴行俭听说突厥袭扰唐军的运粮道，就组织了一支假运粮队，每辆运粮车上埋伏五个壮士，使用的兵器就是陌刀加弩。突厥人果然上当，大呼小叫冲过来抢粮食。于是就在他们接近粮车之际，士兵拿起陌刀，对着突厥人就是一顿乱砍——据说当场斩杀数千人，使突厥人很久都不敢再来做这种偷鸡摸狗的勾当。

唐明皇开边的那个年代，陕西有个大力士叫李嗣业，长得人高马大，后来就从军去了安西都护府，也就是这个时候，陌刀传到了西北地区，李嗣业还就适合用这件兵器，每次战斗都拿着一把陌刀，冲锋在前，杀敌无数，慢慢地就有了点名气。天宝六年（747年），高丽人高仙芝担任安西行营节度使，攻打当时的小勃律国（今克什米尔），任命李嗣业做他的左陌刀将，也就是专门使用这种大刀开路的行动队长。结果他半夜里渡河，带领步兵爬上高山，往下推石头砸击敌军，敌军意想不到，掉下山崖的十有八九，李嗣业立下大功获得提拔，当上了右威卫将军。

后来中原发生安史之乱，李嗣业被调回中原。757年收复长安一役，面对十万叛军派出来的精锐骑兵，在军阵出现混乱之际，李嗣业袒露上身，手执陌刀，砍向敌人，据说被陌刀砍中的敌军，人马俱裂。这一刀下去，能把马的脖子砍断，如若没有夸张的成分，这样的刀，得有多厉害啊！

在这一战中李嗣业带领两千手持陌刀长斧的步兵，排成横队，如墙向前推进。叛军无法抵挡之际，还打算出动骑兵包抄唐军的后路，幸亏被仆固怀恩率领的回纥精兵一举击溃。最终这支叛军，在回纥骑兵与李嗣业陌刀兵的两路夹攻之下，完全崩溃。同一时代还有一个崔光远，据说也擅长此拒敌之法。叛军进犯之际，他派出陌刀部队，一百多名骑兵扼守在要道，然后敌人一到，就派出专门挑选出来的骁勇之士，挥舞着陌刀冲向敌军，一举杀死两千多名叛军。

这里提到的陌刀，到底是把什么刀呢？《唐六典》说大唐帝国一共有四种刀，第一种是仪刀，就是那种装饰金银看上去很华丽的仪仗用刀；第二种是鄣刀，顾名思义即用来防卫的刀；第三种是横刀，也就是士兵随身佩带的刀；第四种便是陌刀，“步兵所持，盖古之断马剑”。

古代的斩马剑，也叫断马剑，汉朝书籍中没有描述斩马剑的造型，图画、壁画中没有对斩马剑的描绘，至今陵墓考古也未曾发现斩马剑的实物，所以其实是一种“三无产品”。陌刀，同样没有详细的记载，更没有图画和实物，也是一件“三无产品”。那么怎么办呢？我们知晓的线索就是陌刀“有两面刃刀，通长一丈，有重至十五斤者”。

清代本《西游记》描述二郎神带领梅山六怪降服孙悟空的插图中描绘过二郎神的三尖两刃刀。三尖两刃刀的特点是前端有三叉刀形，刀身两面有刃，而陌刀的特点也是两面刃刀。中国有诸多冷兵器，但具备这个特点并被书写的也就这两件。

《西游记》中的所有兵器，都是在宋朝和明朝常见且实用的兵器，宋、明也就是西游话本形成的时代。而三尖两刃刀，确实在这两个朝代有配备过，那就是所谓的棹刀，主要特征是长柄、两面有刃、刃首上阔下窄。

那么这个棹刀，是不是就是唐代陌刀演变到宋朝之后换了个字号呢？南宋岳飞为了对付金人的铁甲骑兵拐子马，就曾组织了一支背嵬军，而背嵬军的基本战术，就是在距离敌人一百余步时，安排七八人以弓弩放箭射马，然后长刀对劈——这里的长刀，会不会就是陌刀的升级版呢？

遗憾的是，到目前为止，司马还没有找到直接可以证明这一点的证据，所以姑且存疑。

第五节
明光宝铠　黄沙百战穿金甲

“明光铠”一词，最早见于汉末三国，初期可能只是一种名贵的礼甲，譬如曹操就曾把一领明光铠送给儿子曹植。稍后孙权向曹丕报告说自己打败了刘备（夷陵之战），曹丕一高兴，也送了孙权一件明光铠。明光铠以御赐国礼的面貌出现，证明当时这个装备的珍稀程度，且并未投入实战运用。

明光铠在战场上的大规模运用，应该是在南北朝，目前所见最早的文字记载，是《周书》。543年，东西两魏在邙山交战。当时，北周宇文泰的爱将蔡祐，“着明光铁铠，所向无前”。敌军看见他都害怕，说这不是人，而是“铁猛兽”，纷纷躲避。而一些北朝的墓穴之中也有类似发现，如东魏李希宗墓中陪葬持盾陶俑、北齐崔昂墓中陪葬陶俑、北周元熙墓陪葬陶俑。陶俑所披铠甲的胸、背部分都出现了左右两片近似椭圆形的大型甲板。

而到了隋唐，明光铠确实是迎来了它最好的时代。那是一个

"黄沙百战穿金甲，不破楼兰终不还"的鼎盛时代，明光铠在军队中迅速普及，加上材料和制造工艺的长足进步，譬如灌钢法取代了百炼钢法，使得冶炼的钢材杂质更少，韧性更佳。明光铠的制作工艺更为精良，不但板甲光亮坚固，且甲胄的连接处也有很好的处理，防护严密，不漏空隙。《唐六典》将此甲列为唐十三铠之首，而唐代宗时河东节度使都虞候（新、旧《唐书》中，此官职为"候"）李筌写的兵书《神机制敌太白阴经》则说唐朝军队士兵的着甲率在百分之六十左右，其中着明光铠的士兵占很大一部分。贞观年间，唐朝专门设立了一个负责制造盔甲的部门，叫作甲坊署，设有令（正八品）、丞（正九品）和监作（从九品），其打造的盔甲存入武库以备调用。

打造一件明光铠是相当耗费工时的。首先得将铁制成甲片，再经过一系列的复杂工序进行加工：打札、粗磨、穿孔、错穴，并裁札、错稜、精磨。加工完毕后，甲片之中还要挂上衬里，防止磨损皮肤。日本人仿效唐朝造甲，据日本人在927年撰写的《延禧式》卷四十九《兵库寮》中所说，他们制造一副甲，需要一百九十二到二百六十五个工作日，即便是修理，也要四十一个工匠来做。

当然明光铠的出现也不是一蹴而就的，在此之前中原将士更多使用的是两当铠，这个我们上一章已然讲过，它的优点是轻便，防护能力比皮甲强，但问题也很突出。主要问题是薄片甲叶组成的鳞甲不足以阻挡环首刀的劈斩，这就要求防护用的甲必须以更大块更厚实的面目出现，也就是明光铠。

正是出于这种大幅提升防护力的需要，工匠将军士胸前的两片板状护甲经过抛光后形成弧形凸起的圆护，显得非常光亮，故而得名明光铠。因为胸前和背后都有大型圆形或椭圆形甲板，由此成为整体化的铁质防身甲胄，防御力超强，有点类似于欧洲的板甲。但板甲要到14世纪才出现，真正意义上的完整版则迟至15世纪出现，那时中国已经处于明朝并且慢慢进入火器时代了。

不过可惜的是，明光铠并没有实物存世，所以当代的甲胄爱好者就只能通过佛教护法神祇的装束和墓穴陶俑来领略其风采。1994年春，河北曲阳一座古墓被盗，考古工作者随之对其进行清理发掘，发现古墓的墓主人是晚唐五代时期的北平郡王王处直。王处直墓出土的彩绘唐代武士塑像，身上穿的是经典款式的唐代明光铠，甲片采用了山纹甲和鱼鳞甲混用的形式。

另外，因战功而陪葬昭陵的武将张士贵之墓中出土的彩绘釉陶俑，身上的明光铠也非常显目。《薛仁贵东征》将张士贵描写成一个嫉妒贤能的奸臣，这个只能说是文学创造，并非事实，真实的张士贵是跟随秦王李世民荡平群雄的名将。安市大捷，张士贵率部冲锋，薛仁贵是他的部下，班师归来之后，小薛也一直跟随老张守卫玄武门。随后老张退休，小薛便接替了这个职位。薛仁贵二征高丽之际，张士贵早已过世。

唐朝还有一支特种部队叫作玄甲军，也以骑兵著称。从字面看，玄就是黑，所以玄甲军应该就是一支身穿黑色盔甲的骑兵。

《资治通鉴》说这支特种兵人数在一千人左右，皆为秦王李世民亲自挑选，分为左右两队，分别由秦叔宝、程咬金、尉迟敬德、长孙无忌统领。东征王世充之际，李世民就曾带领这支玄甲军上场，俘获王世充的骑将葛彦璋，俘虏歼灭了六千多敌人。王世充大败，逃回洛阳，再也不敢出击。稍后河北窦建德前来支援，在虎牢城东决战，唐军发起突击，局面没有打开，于是李世民便带领这支玄甲军赴援，让程知节、秦叔宝等人将旌旗卷起，冲入敌阵，从阵后而出，打开唐军旗帜。窦建德的士兵回头看见唐旗在阵后飘扬，迅速崩溃。所以，《资治通鉴》说："每战，世民亲被玄甲帅之为前锋，乘机进击，所向无不摧破，敌人畏之。"这支玄甲军穿的铠甲是不是明光铠？如果单以字面论，更有几分像是曹植《先帝赐臣铠表》提到的黑光铠。真相究竟如何，应待更多考古实据来验证。

很明显，装备了具装的重骑兵在实战中确实防护力傲人。突厥的毗伽可汗阙特勤，曾在战斗中被射中一百多箭，可是这些箭全部射在甲胄之上，他居然毫发无伤。突厥文史料《阙特勤碑》为此大吹特吹，也从一个方面证明了唐代铠甲的价值。唐玄宗时期发生的邢縡谋逆事件中，高力士带着飞龙小儿甲骑四百人一冲，谋逆分子瞬间就崩溃了。而更早的隋朝，杨素面对突厥的轻骑兵，果断下令自己的重骑兵发起冲击，大部队随后缓缓压上，结果突厥人遭遇重创，可汗都不能幸免。再往前到东晋十六国时期桓温的北伐，五万大军，遭遇慕容垂的一万到两万骑兵冲击，几乎是土崩瓦解，最后仅有五分之一的人得以返回南方。

然而所有兵种都有它的缺点，甲具骑兵的机动性便是一个严重问题。到唐以后，各朝代都越来越少使用这个兵种，最后的重骑兵，可能就是金兀术的铁浮图，败在岳飞的长刀大斧之下后，这一页便彻底翻过。金兀术打到江宁，与宋军遭遇之际，采取的战术居然是下令骑兵下马步战——结果还打败了宋朝步兵。

2019年，在甘肃省天祝县岔山村发现了一座古墓，通过对墓志铭的解读，获悉该墓墓主为“大周云麾将军守左玉钤卫大将军员外置喜王”慕容智——这里的周，不是姬发建立的那个西周，也不是五代的后周，而是一代女皇武则天建立的政权，即所谓“武周”。这个慕容智，就是金庸武侠小说里常讲的慕容复一族。慕容智的祖先慕容吐谷浑，是前燕奠基人慕容廆的哥哥，因为两人闹翻而不惜从东北跑到青海，日后便形成了吐谷浑王国。事实上，自唐代起，中央王朝已经不允许甲胄作为殉葬品，慕容智之所以能成为特例，可能是因为吐谷浑的特殊地位——当时是一个独立政权，稍后被吐蕃攻击而吞并。

当然慕容的家事我们就不啰唆了，我们要说的是在墓里发现了目前为止保存完美的第一件唐代盔甲，目前有关专家正在研究之中，希望这件唐甲，能早日与广大的盔甲爱好者见面，让大家能够一睹其容颜。

第六节
府兵折冲　如何在唐朝做一个兵?

唐朝建国之初，承袭的是北朝的府兵制度。这个制度，最早可以追溯到西魏的宇文泰，简单说就是民与兵合一，平时种田，农隙时分搞点军训，有战事时，则由一个叫作折冲府的机构，从武器库里调拨出各种装备以及马匹，然后就披挂上战场。这个制度，就是所谓的府兵制，在隋唐时期达到完备，鼎盛于贞观盛世，在唐明皇天宝年间废除。

《新唐书》里有一句话，说府兵的装备，是要自己准备的。基本装备一般如下：

弓一把、箭囊一个（内装箭三十支）；

横刀一把、磨刀石一个；

毡帽、毡装、包裹；

临上战场前，还需携带麦饭九斗、米二斗。

但这个“自备”的意思，不是说让你自己带着，打仗就带上战场，平日里藏家里，那万一你跟县里下乡的基层公务员——好似《水浒传》里的雷横、朱仝这一类发生冲突，拿出弓箭把雷都头给射了，拿横刀把朱都头给剁了咋办？所以这些东西其实平时是藏在军库里，遇到战事才发给士兵（除麦饭和米）。唐朝某些折冲府还有马，用来驮这些装备。

大唐的府兵也是有严格要求的。首先，你必须是个男的，花木兰这种基本上就是个故事，听听罢了不必当真；其次，你不能矮得像武大郎似的，基本身高在五尺七寸，差不多就是现代人的一米七，武大郎只有五尺，按照规定是不能上战场的；最后，就是要会使用冷兵器，自然这个主要靠练，譬如弩，唐朝要求一名士兵至少会用射程二百三十步的弩，而且射出去四箭，至少要有两箭射中靶子。有一种射程二百步的角弓弩，要求更高，必须四发三中。这样的规定在早期应该比较严格，估计在唐明皇那个时代基本就不靠谱了，很多人故意射箭射不中，或是干脆逃避兵役，所以兵役制度也就慢慢废弛了。

想正式成为一个唐朝大兵，你就得选一个兵种。一个两万人的军团，一般分为七个军。拿中军为例，通常是四千人的编制，其中有两千八百名战斗人员，每五十人编作一队。这两千八百人中，有四百人是弩手，四百人是弓手，一千人是骑兵，五百人是“跳荡”（刀盾手），五百人是“奇兵”（特种部队）。

即便入伍当兵了，也不可能每天都在打仗，其实闲散的时间还是比较多的，因为担心军备废弛，所以唐朝的军队每年冬天要集中训练。以一个折冲都尉府为单位，分左右两个校尉统领，每个校尉手下有十支步兵队、一支骑兵队。第一通号角吹起，所有步骑兵都排成队列，所谓“诸校皆敛人骑为队”。再来一通号角，则将手中军旗长矛都放下。第三通号角，再举起来。接下来就正式开演了。擂起战鼓，两支部队鼓噪着向对方冲去——这个冲不是像电视剧里展示的那样，立刻变成打群架现场，毕竟还是有章可循的。譬如右校尉这边鸣金，队伍便稍稍退却，左校尉的人便进入该位置。位置站好之后，才开始正式迎面对砍。演习完毕，便奏响三通号角。唐代的演习往往还有一个后续节目，是当代军训没有的，那便是夜晚的狩猎，你打到什么猎物，这件猎物就归你。事实上，古代的狩猎，确实也是很好的军事练习模式。

在现代军事体制中，最基层的士兵单位是班，唐代三百人为一团，五十人为一队，十人为一火。这个火，就有点像现在的班。那么这个火又有哪些装备呢？理论上要有六匹马，但不是战马，而是驮马，用来驮武器。此外还会配备如布幕（用于搭行军帐篷）、铲子、凿子、锤子、箩筐、斧头之类的东西，甚至烧饭的锅子、打火的火钻、盐袋子等，一个火里都要带好。此外还有一种容量为三升的马盂，据说是用来装饭的饭盒，还有保温功能——唐朝人李筌的《太白阴经》说，有了这个，“冬月可以暖食”。此外还有火钻，也有人说不是打火的，而是一种类似原始手雷的兵器，浇上油点上火，就直接往敌人身上扔。

至于战马，如果不是官方给的话，据说大唐官方还会给一点补贴，每个骑兵发二万五千钱，自己去买马。而且战马也有服役期，期满之后可以卖掉，拿钱再买匹新的——这里头的马价涨跌就不好说了。另外，唐朝的本土马便宜，以蒙古马为主，比较矮小，看上去没派头。往西去，出了甘肃，马越来越好。唐朝宫廷仕女题材画中有很多骑马的场面，显现出来的唐马，基本上都是弯颈圆腹的圆润丰满型，而且四肢还特别纤细直长，真可说是该胖的地方胖，该苗条的地方苗条，这个可能是画家的艺术手法，但也可能比较真实。譬如阿拉伯马，马脊椎两侧上有两条肉脊，使人在马上骑起来非常舒服，唐昭陵六骏石刻中的青骓，就具备这个特点。唐朝应该有不少阿拉伯马与突厥马的杂交品种，这也正是大唐骑兵纵横大西北的基础条件之一。

《张议潮统军出行图》描绘的就是大唐骑兵出行的盛况，可以从中看到唐朝军马的肥壮，这是唐以后的宋、明看不到的。唐朝自安史之乱爆发起，西部主力部队东调，造成兵力空虚，给吐蕃以乘虚而入的良机。781年左右，包括沙州（今敦煌）在内的河西全部落入吐蕃之手。一直到848年，吐蕃发生内乱，张议潮才得以驱逐鞑虏，向长安告捷，此后战争一直持续到866年，终于收复河西、陇右之地，史云："西尽伊吾，东接灵武；得地四千余里，户口百万之家；六郡山河，宛然而旧。"

尾　声
神策之军　从边关忠勇到宦官爪牙

再说神策军，这支军队在中后唐的历史上很是有名，因为它几乎就等同于大唐的御林军，而唐朝原有的那些南衙的金吾卫、千牛卫，北衙的羽林、龙武军，至晚在唐代宗时代都成了摆设，只在皇帝出行之际充当仪仗队而已。835年的甘露之变，唐文宗和宰相李训联手，打算除掉宦官势力，就设计了让左金吾卫大将军韩约出来报告，声称左金吾卫中庭后面的石榴树上，夜里降下甘露。当时认为这是一种祥兆，于是皇帝就让韩约领着仇士良等宦官头目到金吾卫的院里查看，结果风一吹，露出了帐幔背后埋伏的几百名金吾将士。仇士良大喊一声“不好”，宦官们抬着皇帝就跑回大殿，而后关上殿门，以皇帝的名义发布诏令，出动神策军，第一目标就是清除那些金吾卫的人。这个时候就考验金吾卫的战斗能力了，但结果很遗憾，基本上就是神策军追着金吾卫打。神策军打完金吾卫，又去抓公卿大臣，《新唐书》说：“士良因纵兵捕，无轻重悉毙两军，公卿半空。”

神策军在某种程度上很像是明朝掌握在魏忠贤手里的锦衣卫，只是唐朝的情况比明朝还要糟糕。明朝的崇祯皇帝一声令下，锦衣卫就去抓魏忠贤，因为锦衣卫毕竟是天子的兵，魏忠贤只是天子的奴才。相比之下，唐朝的神策军实质上已经不是大唐天子的兵，而是宦官的武装了。

那么，神策军究竟是从何而来呢？

可叹的是，最早的神策军原本也是根正苗红。天宝年间，由于吐蕃的不断骚扰，唐蕃关系在很长一个时期是战争而非和平，所以哥舒翰在击败吐蕃、收复黄河九曲后，便请求在唐蕃边疆设立八个军，神策军便是其中之一，驻扎地在甘肃省临洮县以西二百余里的磨环川，洮水南岸，对岸就是洮阳郡。当时第一任神策军使由洮阳郡太守兼任。

几年后，安史之乱爆发，唐明皇发出旨令，让“河西、陇右、朔方，除先发蕃汉将士，及守军郡城堡之外，自余马步军将兵健等”全部来长安救驾。此时的神策军便在将军卫伯玉的带领下，奔赴关中——当时只有一千多人。再往后，这支军队便移交给陕州刺史郭英乂，让他做检校神策军使。等到郭英乂进京做御史大夫，这支军队就交给了当时的宦官头子鱼朝恩，让他做天下观军容使，并统率京师神策军。虽然稍后鱼朝恩失宠被杀，但神策军由宦官掌管成了惯例，且兵力不断增强。唐德宗时期，曾一度委任一个叫白志贞的非宦官统领神策军，但不久发生兵变，白志贞统领下的神策军完全没有宦官时代那么得力，最终神策军又回到了宦官手里，此后一直到唐朝灭亡，神策军都是一支听命于宦官的武装力量。鼎盛时代，这支军队人数达到十八万人。

唐朝的历任皇帝上任后，都要大行犒赏这支军队。譬如唐穆宗即位后，就一次性赏给每个神策军军士五十缗，而一缗就是一两银子。相比之下左右金吾只有十五缗，只是神策军的三成。早些年，唐朝按制度还会派御史去巡查监察，看看神策军有没有做不法之事。结果到803年，当时的监察御史崔远进入神策军驻地，不但没资格巡查，还被抓起来打了四十大棍，撤职流放到偏远外州。

不过，神策军与宦官勾结的结果是战斗力的迅速丧失，狐假虎威抓抓金吾卫这些仪仗队还行，面对真正的军人就吓得屁滚尿流。黄巢打进长安，神策军四散溃逃。军阀李茂贞进逼长安，还没打呢，神策军就溃败逃亡。最终朱温杀进长安，神策军便遭彻底废除，但这已是唐朝的尾声了。

第五章

两宋　步兵王朝　求生岁月

金庸《射雕英雄传》有这么一段情节，说郭靖初遇女扮男装的黄蓉，黄蓉问郭靖坐骑的性子及脚程，听郭靖说后，神色十分欣羡，喝了一口茶，便问他讨要这匹汗血宝马，结果郭靖毫不迟疑，一口答应——金庸迷戏称，傻小子郭靖就是因为送了这一匹马，赢得了桃花岛主之女的芳心。

这个观点是否靠谱，我们暂且不论，单讲这马在当时那个年代的价值。大宋的马是个什么行情，其实大家看《清明上河图》就懂了，那里头人极多，马却极少，大部分人是靠步行，有钱可以坐轿子、骑驴，但骑马的人，却是极少的，甚至打仗运粮食，都用驴多于用马。《梦溪笔谈》里沈括就算过一笔账，说一匹马能驮粮一石五，驴能驮一石，所以两匹马的驮重，三头驴才能相抵，可是驴也有优点——吃的料只有马的一半。这样一算，还是用驴划算。

第一节
岳飞也烦恼　怎么对付异族重骑兵?

北宋一个禁军的月薪最高不过一千文钱，一斗米值二三十文钱，那一匹军马值多少钱？宋太宗时期，山东人李觉上疏论述繁殖马匹之事，他就说："国家所市戎马，直之少者，匹不下二十千。"这是说，一匹合格的军马，最便宜也得二十贯（足贯是一千钱，一般是七百七十文一贯）。换句话说，一名禁军一年不吃不喝都买不起一匹马。宋神宗年间，一个日本和尚来到开封，买了两匹马，这个马的标准比较低，毕竟不是军马，只是很一般的马，可是也花了九到十贯。这样的马价，已经是当时普通人家几个月的收入了。

而且，这还是北宋的马价，后来价格不断上涨。到南宋，你拿一百贯出来，都只能买一匹小马。宋高宗时期，朝廷曾经派人去广西买马，一匹比较好的马，往往要四十贯以上。赵构曾计算余杭监牧一岁的开支，大概两万缗（一缗为一贯），能买到一百五十匹马，换句话说，一匹马的单价已经涨到了一百三十多贯，像郭靖的坐骑这样上好的蒙古马，更是要值钱许多。

马的价格为什么在宋朝节节上涨？原因无他，只因宋朝国土之上根本就没什么好马。物以稀为贵，马少了，价格自然就上去了。中国出马的地界，一是蒙古草原；二是西北，如甘肃、新疆；三是西南，即蜀马和云南马。汉唐之所以能牛气，很大程度上就是借助了西北的马，所以凉州骑兵名满天下。可到了宋朝，契丹把北边给占了，西夏把西北给占了，云南则有大理国，唯有蜀马还能勉强供应。也是这个缘故，宋朝的骑兵，先天不足。赵匡胤那会儿，开封府还有大约五万骑兵，可到了北宋末年，“诏尽括内外马，及取于在京骑军不及二万”——不过这不能怪宋朝不认真养马，只能说没有办法，宋人使尽花招养出来的马却“壮不如驴”。

既然辽和西夏不靠谱，很长一个时期内，宋就只能问吐蕃和大理买马。范成大在《桂海虞衡志》说：“蛮马出西南诸番……大理马为西南番之最。”但问题在于大理，简单来说就是云南马擅长走山地，在平原之上冲击力远不如西部和北部的马。因此，宋朝只能放弃如汉唐那样建立强大骑兵的梦想，把全部精力付诸步兵！于是，宋朝便有了史上最豪华的步兵，或者说是整个古代史上，防护值最高的重装步兵——步人甲。

步兵，在中国历史上，先后有两个黄金时代。其一便是战国至楚汉战争时期，最具代表性的，则数魏国的武卒。《荀子》里有这样一句话："魏之武卒以度取之，衣三属之甲，操十二石之弩，负矢五十，置戈其上，冠胄带剑，赢三日之粮，日中而趋百里。中试则复其户，利其田宅。"魏国的步兵，要求每个人都要臂力强悍，这个强悍是有数字指标的，即至少能拉开十二石的强弩，且随身携带五十支箭，手里还要拿一支长戈，穿上皮甲青铜胄，携带三天口粮，半天能跑一百里地。达到这个标准的男人，才能获得田宅等相应的待遇。

然而，随着汉朝大骑兵时代的到来，步兵很快又成为野战军中的次要角色，你读《三国演义》，从最厉害的吕布到被关云长一刀砍杀的孔秀，哪个不是骑着马出来？刘关张桃园结义，祭罢天地，收拾军器之后，也是"但恨无马匹可乘"，这时来了张世平和苏双，送他们五十匹良马，成为刘备起兵的真正老本。虽是演义小说的段子，却多少也有真实的成分。

步兵再度成为一支军队的核心，要到宋朝。

1140年，今河南漯河市郾城区是当时岳飞的北伐军指挥中心所在地，金军主帅完颜宗弼带领精锐骑兵一万五千人，直插此处，试图将岳飞的北伐大业一举击毁。他派出一支特种兵团——铁浮图，每三匹马用皮索相连，重铠全装，堵墙而进，显然这是一支正面冲击的重骑兵，用来打击步兵，这确实是古代常见且颇为有效的手法，从南北朝到宋朝，都有大量成功范例。铁浮图每进一步，便用拦马的木头环卫，只进不退。左右方两个侧翼则交给能骑善射的拐子马，即一人备有两匹马，既能作为骑射进行远距攻击，又能作为快速突击力量的近距搏杀轻骑兵。这种拐子马加铁浮图，即轻重两种骑兵结合的打法，既发挥了重骑兵如装甲车一般的缓慢推进优势，又结合了轻骑兵机动灵活迅速穿插的特点，在古代冷兵器战场上，确实称得上“无敌”二字。

那么，岳飞又是如何对付这支无敌之师的呢？

首先，他得有骑兵，以骑对骑几乎是这个时期唯一的办法。要不然两条腿的步兵，面对四条腿的骑兵，而且是轻骑重骑具备的金军，追也追不上，跑也跑不掉，那就真的只有死路一条了。岳飞是有骑兵的，虽然此时南方几乎没有良马，但岳飞还是想了一个办法，这个办法就是一个字——抢！而他“打劫”的对象，则是女真人在黄河流域扶植起来的伪齐政府，据说，具体的操作人是他的爱将牛皋和杨再兴。岳飞先后发动了两次奇袭，获得了一万五千余匹战马。也就是利用这批马，岳飞先后建立了踏白军、游奕军和背嵬军三支骑兵部队。踏白军是侦察兵，游奕军则是巡逻兵，而背嵬之名出自西夏，据说是党项语“勇士”之意，另一种说法是蛇龙、蛇鹰之类的奇怪猛兽，换句话说，这就是岳飞部队中战斗力最强的一部分。

如果单讲战斗力的话，金人的拐子马铁浮图，可能要超过岳飞的背嵬军，但战争是综合几方面因素的事，有个别例子说明，历史上使用火枪火炮的现代武装都可能被使用弓弩刀枪的部落勇士打败，何况双方都是冷兵器，差距并没有大到可以立决胜负。

岳飞的办法，首先是派岳云，即他的儿子，带领本方骑兵发起突击，而且还提了一项特殊的要求：“必胜而后返，如不用命，吾先斩汝矣！”什么意思？就是四个字——诱敌深入。岳云的骑兵，先和金军的铁浮图初步接触，有所杀伤之后便向后撤退，即“胜而后返”，金军自然不会善罢甘休，一定会追赶。当然重骑兵速度不会很快，所以他们的拐子马，会先一步杀到。这个时候，岳家军的两翼步兵，就要扛住拐子马的攻击，不许他们完成两翼包抄的战术目标。而中央的军队则慢慢后退，将铁浮图诱入自己的口袋阵中。

要做到这一点，绝非那么简单。理论上是诱敌深入口袋阵，可若是两翼步兵扛不住，或是中央部队变慢慢后退为溃逃，稍有差池，就是全军溃败，谁也挽救不了。所以，岳飞的部队还得有一些能够针对性打击骑兵的武器。如果单喊口号就能打败敌人，那是在拍电影电视剧，而且是那种极不靠谱的臆想剧。

对付骑兵的传统武器，如汉朝战胜匈奴使用的弓弩，在这里威力大减，因为铁浮图这样的重骑兵几乎是没有办法可以射中的。既然弓弩不行，拿长枪扎、大刀砍，行是不行呢？

其实也一样，如果行的话，金人为什么这么拽？

第二节
棒锤长斧　宋朝步兵其实很猛

在宋朝，尤其是南北宋交替这段时间，有一类兵器开始在战场上获得前所未有的最大范围运用，这便是打击类兵器，包括锤、锏、鞭。但并不是说打击类兵器发明于此时，至少鞭、锏在之前的南北朝已经有较多使用。

我们先来说锏和鞭，这两样兵器差异其实并不大。宋《武经总要》说："铁鞭、铁锏二色，鞭，其形大小长短，随人力所胜用之。有人作四棱者，谓之铁锏，谓方棱似形，皆鞭类也。"相比之下，铁鞭为六角形，铁锏为四棱形，鞭更长一些，分量也更重，前端还有一个很小的头部，用以加重。而锏呢，相较鞭稍短一些，分量轻一些，头部也没有加重，但表面有突起或直棱。

锏的分量重，非力大之人不能运用自如，杀伤力十分可观，即使隔着盔甲也能将人活活砸死。我们看历史题材小说或是各类说史，经常会提到某个大将有一绝招，叫作"撒手锏"。那么这个“撒手锏”究竟是什么呢？其实就是两个大将单挑，主要作战兵器无法取胜甚至于被打掉，在相持不下或被敌将追杀面临险境时，一方抽出锏来，突然回身给敌将以致命一击，瞬间扭转局面取得胜利。

这种“撒手锏”，既要强调技术含量高、作战威力强，更要强调出其不意，要在最关键的时候使用，达到“一招制敌”的功效，一举扭转战局，所以在各类历史类题材话本中，“上镜率”颇高。譬如《说岳全传》，牛皋就是用锏的大将，最后一幕金兀术兵败，被牛皋骑在身上，结果金兀术被活活气死，牛皋则仰天大笑而笑死，俗称：“气死龙，笑死虎。”

但这些都是文学艺术创作，历史上真实用锏的武将，其实并不多，而且都是宋金这一时期的人物。其一是宋仁宗时期的禁军大将任福，这个任福任将军啊，正好遇上了北宋与西夏的战争，于是他就被派到西部边疆任职，西夏人进攻今天的陕西延安、宁夏固原这些地方，都是被他打退的。1041年，宋朝准备进攻西夏，韩琦主持大局，让任福做前线总指挥，从今宁夏固原向西挺进，一路打了几个胜仗，最后推进到六盘山一带时，中了西夏军的埋伏，宋军被围，随身校尉劝说任福逃命，但是任福却决心以死报国。最终，他就是挥舞四刃铁锏冲入敌阵，“枪中左颊，绝其喉而死”。这一仗，在历史上叫作好水川之战。

而狄青麾下，也有一名使锏的好手，姓张名玉，当初被派去宋夏边境修筑城砦，西夏派兵三万来挑衅，更有一个不怕死的，驰铁骑前来挑战，于是张玉就手持铁锏，将其当场击毙，由此得名“张铁锏”。消息传到开封，连宋仁宗都知道他的名字，说：“真勇将也。”他的结局比任福好，最后做到马步军都虞候（《宋史》中，此官职为“候”）。

北方金国这边，最强的使铜人，叫作乌延查剌，也有一个绰号——似乎宋金那会儿绰号很流行，怪不得梁山好汉人人都有——叫作“铁锏万户”。《金史》说：“查剌左右手持两大铁简，简重数十斤。”《金史》习惯把“锏”简写为“简”。乌延查剌生活在金宋相对和平的年间，所以他的主要战场在北方。曾自称皇帝、背叛金朝的契丹人耶律窝干，派出刺客袭击乌延查剌，不料乌延查剌眼明手快，用铁锏一下子把刺客的右臂给打断。《金史》说：“伪护卫阿不沙身长有力，奋大刀自后斫查剌，查剌回顾，以简背击阿不沙，折其右臂。”

《水浒传》中有个“双鞭”呼延灼，号称是宋朝开国名将铁鞭王呼延赞的嫡派子孙，上应“天威星”，为梁山第八名好汉，善使两条水磨八棱钢鞭，梁山受招安后，呼延灼被封为御营兵马指挥使。后来他率领大军，打败了金兀术四太子，大军一直杀至淮西，呼延灼阵亡。这个自然是小说，而在宋朝和西夏的真实战场上，涌现了一个使铁鞭的武将，他便是王珪，绰号是“王铁鞭”。李元昊入侵北宋边疆之际，他被派去西北，和西夏军屡次交手，曾经用左臂夹住刺来的长枪，然后右手用铁鞭把对手打死。好水川一战，我们上文讲任福被西夏人团团包围，就是“王铁鞭”王珪带兵冲击敌阵，想把他救出来。而最终他发现自己无力解救，于是东望再拜，说：“非臣负国，臣力不能也，独有死报尔。”于是单骑冲入，杀死敌军数十百人，铁鞭都打得“挠曲”，手掌“尽裂”，一支箭射中他的眼部，他这才退回本阵，当夜伤重而死。

铁鞭在重甲时代，达到了巅峰。写于明朝的《武备要略》评述说：“刀只可敌无甲之兵，若遇铁骑重甲，非鞭不可。”然而回到南宋与金人的大战，鞭和锏这样的打击类武器却又不足使用了，岳云所用的，是另一件打击类武器——锤。

这里额外辨析一下，说书先生所说的李元霸、裴元庆，纯粹是为了赚几个茶钱虚构出来的，真实历史上这些人压根儿就不存在。裴元庆手持一对银锤，各重三百斤；李元霸两柄铁锤杀人如拍苍蝇，只打得尸山血海，将敌军一百八十五万人杀得只剩六十五万人——以上这些都是嘴皮子忽悠出来的浮云。但是岳云使锤，却是有历史记录的。《宋史》记载说：“（岳云）每战，以手握两铁椎，重八十斤。”“颍昌大战，无虑十数，出入行阵，体被百余创，甲裳为赤。”从这些文字记录来看，岳云的趁手兵器是锤无疑了。

再回到郾城大捷现场，要能实现岳飞的战术，首先两翼要能顶住对方的进攻，而中路虽然是且战且退，也不能被对方击溃，而是要能够有组织地进行层层抵抗。岳云作为冲击敌阵的第一前锋，他的首要任务，其实也就是破甲——对有重甲护身的铁浮图造成打击，才能实现诱敌深入的任务。那么岳飞是怎样实现这样的战术的呢？尤其是对方中路的铁浮图，完全就是刀枪不入的重甲兵，跟这样的部队正面硬扛，通常都是十分吃亏的作战。不过重甲兵虽然刀枪不入，普通的兵器很难对其造成损伤，但重甲兵也有个致命的缺陷，就是害怕钝器的攻击。当重甲兵遭遇钝器攻击的时候，身体就会遭受钝器以及对方迎面而来冲击力的双重打击，打到身上立马就会产生极为严重的内伤，要是劈到头上，估计就会立马休克甚至死亡。当时的岳家军里就装备了大量的钝器兵器。

岳云的锤，就符合这种钝器的标准，所以用铁锤来实施破甲的任务，也真的合适——所有的锤，不论是长柄单锤、短柄双锤还是链子锤、流星锤，都具备这一能力。而锤形似瓜的短柄双锤，非常沉重，打击能力上乘，尤为胜任。可是双锤也确实有问题，就是柄着实短了一些。而且锤也只能钝击，远不如枪、长刀等造成的创伤更加致命。

近年来，有一种新的观点，认为岳云使的锤，不是短柄双锤，而是一种宋朝的制式武器，正式名称其实叫锥枪。《武经总要》说：“（锥枪）其刃为四棱，颇壮锐，不可折，形如麦穗，边人谓为麦穗枪。”持该观点的人认为，之所以以前大家会觉得岳云拿的是双锤，是因为记录历史的人，舍掉了锥枪的“枪”字。他们还拿清朝冯培编的《岳庙志略》来做证据，说：“岳云手携双铜锥，其椎形椭而锐首，异于今之所谓铜锥者。”

但是这种观点，其实缺乏扎实的证据，也不符合逻辑。因为如果岳云使的是锥枪，为什么记录历史的人，偏偏会把“枪”字舍除，而仅保留一个“锥”字？至于《岳庙志略》，则已经是宋朝灭亡几百年后的书，能证明什么呢？

从实战论，骑兵使用长兵器，也确实看上去更顺手一些，譬如当时已经流行起来的铁骨朵，就是用熟铁锻制、八片熟铁虚合，木把为柳木、长三尺的猛家伙。辽金时期，凡是犯下盗窃、走私之类的罪，就要用这个铁骨朵来打五到七下，要是施刑者真下手的话，往往这个人就废了。

狼牙棒，则是更为成熟的长柄打击武器。木棒头部如枣核状，植铁钉于其上，形似狼牙，故得此名。明朝茅元仪的《武备志》说，这种兵器，“取坚重木为之，长四五尺”，“植钉于上，如狼牙者，曰狼牙棒”。

狼牙棒和铁骨朵一样，都是在宋朝开始才有人使用的，来自北方少数民族。《三国演义》说五溪番王沙摩柯，生得面如噀血，碧眼突出，使一个铁蒺藜骨朵，那不能当真，只能说是作者罗贯中生活在元末明初，所以知道这玩意儿，觉得很另类，所以才给沙摩柯安排上。不过，史书记载的岳云，就是擅长使用双锤，后世关于铁锥枪的推测，在没有确切证据之前，就只是想象而已。至于长柄的狼牙棒，显然岳云也没用过。

郾城大战中，就是岳云反复冲杀，终于将金军的铁浮图骑兵引出了敌阵，随后宋朝的重步兵，便以密集阵型相迎。

此时岳飞步兵使用的武器，第一是长柄大斧。步兵毕竟是步兵，虽然穿了步人甲，防御值大大提高，但要攻击马上的敌人，还是有很大的困难。怎么办呢？那就是斩马腿，你铁浮图再厉害，我把你马腿砍掉，你还怎么跑？怎么快速作战？第二是麻扎刀，其实就是一种长柄的大刀，我以为是唐代陌刀在这个时期的演变，再拿麻布给它包扎了一下好把握而已。《金佗续编》说宋军步兵对付铁浮图，是“以麻扎刀入阵，勿仰视，第斫马足”，从这些文字看，它的作用也和大斧差不多。第三是提刀，文献说是“左右手运两刀”，那么应该就是那种单手握的刀，如此才能双刀并运。从三种兵器的杀伤力来看，应该是长柄大斧最猛，但消耗体力也最多；而麻扎刀则较为适中一些。

2015年有一部不错的武侠电影《师父》，里面有一把看上去颇有几分麻扎刀意思的刀，是津唐形意门的武器，叫作岳飞刀。这情节倒引起了司马的兴趣，难不成是当年岳飞军中使用的麻扎刀，后来流落江湖，慢慢就演变成了这种以岳飞之名冠名的刀？

在郾城战场上，大金国的重骑兵，遭遇宋军的麻扎刀加大斧砍马腿大行动之后，形势便乱了套——一名穿着死沉死沉盔甲的骑兵，马都没腿了，他还能再做骑兵吗？而这个时候，重装的优势反而成了弱点，因为装甲厚重，逃跑都跑不了。而后面的金军瞧见前面的人是这般结局，还能继续打下去吗？于是完颜宗弼，也就是金兀术发出哀叹：“自海上起兵，皆以此胜，今完矣！”

第三节
小卒的甲　也堪称良心制作

在说完郾城大捷之后，我们就可以说说宋朝的步兵甲了。正如上文所言，如果有英明的将帅指挥，有勇猛的先锋，有完善的计划，即便是没有强大的骑兵，照样可以打击对手。

这里便有一个基础：宋朝的步兵盔甲，真心好！

大宋国都汴梁开封府，有一个专门从事武器生产的机构，叫作工署南北作坊，还有一个弓弩院，工匠近万人，那几乎就是有史以来中国最好的武器制造所。而且不光是开封府，宋朝在各个地方州郡，还开有各种类型的小型兵工厂。甚至除了兵工厂之外，如果民间有高人出现，打造兵器的手艺比官府工匠还好，干脆创新搞出了新武器，官府也不会打压、禁止，而是鼓励并收到有司仿造推广。

为了提高武器的打造水平，大宋官方还曾经组织编写了一部兵器大百科全书，便是《武经总要》，由当时的正副宰相曾公亮和丁度主持编写，历时三年有余。书中介绍了当时的各种攻击性武器和防守性器具，还有营阵和器具图，以及火药配方及引火球、蒺藜火球、铁嘴火鹞、竹火鹞等抛射火器的制作方法等。《武经总要》由宋仁宗亲制序文，于庆历年间首刊。到了南宋时期，还曾重印了一次。

当然大宋有钱，不会仅仅只造一款甲，《武经总要》讲得明白，大宋国的甲，有铁甲、皮甲、纸甲三种款式，而一套完整的铠甲，分为披膊、吊腿、身甲、兜鍪顿项四个部分。披膊就是外套，兜鍪顿项也就是头盔。一般宋朝的头盔，都会有保护耳部和后颈的顿项这样的贴心设计，披膊上还会附加一些防护件，当然主要的用途是保护胸部。身甲则带有鹘尾，用于保护小腹和裆部。有些头盔是比较奢华的，居然还有凤翅，下面的披膊则配备了兽吞，这就有点高级将帅的意思了。现在的甲胄爱好者一般都会给自己买一副吞，预算富余一点的买金属质地，经济点就来仿制的脆皮，但很容易砸坏。古人其实也是如此，地位越高，他的行头自然也会更费金，但在实战中未必有什么价值。

另外，某些宋盔还有贴心的面帘设计，似乎是为了适合沙漠大风气候，虽然宋军似乎很少能推进到沙漠地区，或仅仅就是为了遮掩面目，无事之时可以收起到额部，有则放下，遮挡面部。宋朝最为常见的，是范阳笠，一可遮阳，二可标示身份，同时也能有效地防御敌军抛射的箭矢。1983年港版《射雕英雄传》中周星驰饰演的一个龙套小兵，戴的就是这种笠帽。当然，金属的笠形盔才是正统，形似倒扣海碗，盔体往往绘有祥云纹饰，盔下缀顿项，这种盔型应该是宋朝的首创，在宋、元、明三个朝代都曾流行一时，优点也很明显，就是保护范围更大。

那么这个步兵甲和骑兵的铠甲又有什么不同呢？这就要说一说南宋时期一本叫作《翠微先生北征录》的书，作者是贵池（今属安徽）人华岳，这个人一生好武，对当时的天下大势也颇有见地。南宋韩侂胄北伐，华岳上书劝谏，说北伐不是不行，可是时机不对，结果被流放去了福建。韩侂胄死后他得以回到杭州，做了殿前司官，却又得罪了权臣史弥远，最终被害。他这本《翠微先生北征录》，写于流放福建时期。

这本书上说，步兵穿甲和骑兵有什么不同呢？关键在于步兵在战场上，是昂首挺胸站着打，而骑兵却是坐在马上，一个站一个坐，铠甲当然就不同。所以，步兵的身甲和甲裙都要比骑兵长，因为骑兵在马上做动作，甲过于拖沓的话，就会影响身手；可是步兵如果甲过短，直接就是没命。而且，骑兵的腿裙和身甲是分开的两个部件，步兵却是一体化设计，理由同样是前者更灵活，而后者防护性更高。

整体而言，宋朝的这种步人甲，真的是良心制作。绍兴四年（1134年），当时官方有专门规定，一套步人甲，至少需使用一千八百二十五枚甲叶，总重量达二十九公斤。如果增加甲叶数量，自然可以提高防护力，但也不应超过二十九点八公斤。稍后，鉴于长枪手和弓箭手的不同作用，又特别将长枪手的铠甲重量标准提到三十二至三十五公斤，弓手则为二十八至三十三公斤，弩手为二十二至二十七公斤。

实话实说，这样的铠甲，真的太重了。重甲必然意味着机动能力的下降，不能胜任长途奔袭。步兵全身上下覆盖这样一层由铁片制成的重型铠甲，牺牲的恐怕就是机动性和前进的意识。同时防卫太好，反而助长了一种怯懦畏战的心理，这会不会是宋朝历史上多次出现在野战战场上大面积溃逃的原因之一？而且一旦有事，士兵只有丢盔弃甲才能逃亡，那么朝廷花了那么多银子，打造如此完善的护身甲，是不是反而成了讽刺？

但是如果撇除这种心理因素，你也不得不承认步人甲的保护作用真的很强，步兵身上几乎所有的致命部位，都能得到严密保护。这意味着，如果士兵作战意识坚定，单是应付骑兵的冲击，是可以通过密集阵型硬扛解决的，甚至能够发起反冲击将对方击溃。但要做到这一点，对统兵将帅的素质要求就必然很高，只有像岳飞、韩世忠这样的优秀指挥官，才能在野战中发挥其作用。

因此，宋军发挥出色的更多还是一些防御性战役，尤其是依靠坚强城池的防御战，如南宋末年的襄阳保卫战、钓鱼城保卫战，就是很好的范例。只是这样一些局部获得的胜利，却无法转化为大规模反攻，所以无法收复北方失地，恐怕也与此有关。宋军一方面没有强大的骑兵，一方面身着重甲的步兵部队要直捣黄龙府，即从湖北襄阳穿着重甲走到黑龙江，真的很难。

那么，士兵接受体能锻炼行不行呢？既然要使用重甲，当然就要关心士兵的体能问题，宋朝有一项禁军轮替制度，就是为了锻炼士兵们的长途奔袭体能而制定的，但究竟效果如何，就难以确认了。岳飞自己也有一套专门的办法，比如单兵体能训练，要求士兵必须身着重甲进行实训——大部分现代人是无法达到这个标准的，更无法加入岳家军了。

在了解了上述基础史实之后，我们再来看宋朝历史，面对“宋朝为什么能抗住金国重甲骑兵的冲击，却最终败在了元朝游牧骑兵的弓矢之下”这样一个问题，就有了一个比较清晰的认识。

前一波，女真金国的重装铁浮图，乍看确实很猛，可是宋朝人也真的有应对办法，长刀砍马腿，锤锏鞭斧砸人。后一波，面对蒙古人的弓骑兵，南宋依旧是穿着步人甲上场，他们的长刀依旧锋利，锤子仍然生猛，无奈蒙古人根本不跟宋人硬打。弓骑兵是一种快速远程攻击的兵种，重装步兵追又追不上，逃又逃不快，想要跟敌人拼命都没机会，真的是绝望！而步兵的情绪一旦出现恐慌，阵型出现破绽，蒙古的重骑兵就开始冲锋。穿着沉重的步人甲，南宋的步兵简直就成了一个悲剧，但若是南宋也有强大的轻骑兵，就不存在这个弊端了。

所以南宋与蒙古人的几次野战，都是这样的大面积溃败。只有在城防战中，依赖火器弓弩之利，宋朝才能以科技让蒙古人吃瘪。但这种吃瘪也是暂时的，蒙古人很快在东征西讨中也掌握了火器，最终，南宋只能走向亡国的大悲剧。

第四节
水浒第一刀　在宋不算法定兵器

这一节我们来讲讲朴刀。这件兵刃与《水浒传》十分有缘，从开篇第一个好汉“九纹龙”史进起，便出现了朴刀。第三回《史大郎夜走华阴县　鲁提辖拳打镇关西》里讲道：

“史进头戴白范阳毡大帽，上撒一撮红缨……背上包裹，提了朴刀，辞别朱武等三人。众多小喽啰都送下山来。朱武等洒泪而别，自回山寨去了。”

而第十一回《朱贵水亭施号箭　林冲雪夜上梁山》，讲到林教头到梁山入伙，王伦要他纳一个投名状，林冲此时用的也不是他的成名兵器丈八蛇矛，而就是一把朴刀：

“次日早起来，吃些茶饭，带了腰刀，提了朴刀，叫一个小喽啰领路下山，把船渡过去，在僻静小路上等候客人过往。”

稍后遇到杨志，原著说他是杨令公，即杨业之孙。杨志虽是名门之后，手里的兵器却只是一柄朴刀。“（杨志）挺手中朴刀，高声喝道：‘你那泼贼！将俺行李财帛那里去了？’”

林冲正没好气，哪里答应，圆睁怪眼，倒竖虎须，挺着朴刀，抢将来，斗那个大汉。此时残雪初晴，薄云方散。溪边踏一片寒冰，岸畔涌两条杀气。一往一来，斗到三十来合，不分胜败，两个又斗了十数合。

第十四回《赤发鬼醉卧灵官殿　晁天王认义东溪村》中，刘唐被雷横捉住，多亏晁盖替他出了十两银子，方才从雷横手里解脱出来。结果刘唐不甘心，提了把朴刀来寻雷横算账。而雷横拿来招架的，却也是一把朴刀。这赤发鬼刘唐挺着朴刀，赶了五六里路，却早望见雷横引着土兵，慢慢地行将去。刘唐赶上来，大喝一声：“兀那都头不要走！”雷横吃了一惊，回过头来，见是刘唐拈着朴刀赶来。雷横慌忙去土兵手里，夺条朴刀拿着，喝道：“你那厮赶将来做甚么？”

后文讲到晁盖等“北斗七星”智取生辰纲，用的也是一口朴刀；宋江杀了阎婆惜，出门避祸之际，也是跨了一口腰刀，拿了一条朴刀；乃至打虎英雄武二郎，拿朴刀杀了张都监一门上下几十口男女；至于“黑旋风”李逵杀四虎，用的也是朴刀而非大砍斧；卢俊义受了吴用的激将法，要去梁山找好汉的麻烦，也是“取出朴刀，装在杆棒上，三个丫儿扣牢了，赶着车子奔梁山泊路上来”。

把朴刀称作《水浒传》中“上镜率”最高的兵器并不为过，问题是：朴刀究竟是把什么刀？为什么《水浒传》里那么多人，不分贵贱老幼，都喜欢用这样一件兵器呢？

这个问题其实是有点误差的，因为事实上没有太多人喜欢用朴刀，用这把刀的唯一理由是：当时北宋王朝几乎禁止民间拥有所有长柄兵器。如枪戟矛之类，是我们在整部《水浒传》里都很少见的，可是朴刀却不在禁止之列，因为就兵器归类而言，它根本不算长兵器，全长极限也不过一米五。而且朴刀的刀身和刀柄还是可以分开来的，也就是说，长刀柄可以与刀身分离，另作杆棒用；而没有长柄的朴刀，也就是长一点的大刀而已。

《武经总要》作为大宋的兵器词典，收录了当时战场上应用的八种刀，有刀尖锐利、刀背斜阔的笔刀；有刀身直、刀尖向上的掉刀；有刀头呈圆弧状的凤嘴刀；有刀身狭长、形如偃月的关刀（偃月刀）；有刀身狭窄、刀尖锐利的眉尖刀；有刀尖长四寸、边锋长一尺，可声东击西的戟刀；有刃前锐利、刀后斜阔的屈刀；以及唐代遗留下来的陌刀。可是唯独对这种使用广泛的朴刀，一字不提。

为什么不提呢？很简单，因为在当时的兵家看来，这种刀，根本就不是武器，而是一种农家用的日用器具，跟割草的镰刀、砍木头的斧头是一个性质的。

这个事在历史上是有验证的。宋仁宗天圣八年（1030年）的三月，曾下令川峡路，也就是今天的四川、重庆和贵州，不许打造一种叫作“着裤刀”的兵刃。两个月之后，地方官递上来报告说：“着裤刀这种刀，听上去好像有点像是武器，其实非常简陋，农民平日里甚至可以把它挂在裤腰上，所以才叫这个名。如果拿来安上一根杆，叫作拨刀；如果安上一根短木柄，叫作畲刀；安上长木柄，才是朴刀。在川峡山区，农民全赖这种刀开山种田，古人有四个字来形容，叫作‘刀耕火种’。如果朝廷一下子全部禁断，你让这些山民怎么活呢？”

短刀头、长刀把的朴刀，连刀鞘都没有，安把之处有螺口，杆棒的一端有螺丝，而且是“三个丫儿”，把刀头安上，才是一把十分结实的朴刀。平日里农民就把它靠在墙根上。所以，宋朝的大多数时光，对于朴刀这类粗糙简单的刀具，基本上是放任不管的状态。偶然提一下要禁止，譬如宋仁宗，可是也不持久，更没有实际作为。

既然官府不管，民间的百姓，以及喜欢打架的小混混、行侠仗义的江湖好汉、史进这样热爱武艺的少年郎、宋江这样本事不大却不得不浪迹江湖的半吊子英雄，就纷纷把朴刀当成了首选。这个道理，就跟咱们小时候吃赤豆棒冰、喝一毛两毛钱的汽水是一回事，不能说不好吃，可是总不如冰激凌和可乐、雪碧吸引人，但咱兜里就几毛钱，还能如何挥霍？

朴刀就是这个理，官府不严禁，就等于是认可。而且朴刀的价钱也便宜，虽然质量不能说好，可有甚于无啊，所以整个宋朝，一直到元明，在中国广大的乡村地区，朴刀的普及程度相当高，使用者数不胜数。而随着江湖话本的流行，朴刀和杆棒这两样最常见也最低档的兵器，便成了各类江湖题材话本的最热门武器。就连讲卿卿我我的《西厢记》，开篇的唱词也是："打拍不知个高下，谁曾惯对人唱他说他？好弱高低且按捺。话儿不提朴刀杆棒，长枪大马。"

《水浒传》的源头是《大宋宣和遗事》，这本书里写晁盖智取十万贯金珠后逃走，官府捉了晁盖他爹顶罪，押到半途，跳出一个大汉来，身材迭料，遍体雕青，手内使柄泼镔铁大刀，自称铁天王，把晁太公抢去。这里的泼镔铁大刀，就是朴刀，"泼"等于"朴"，铁天王就是后来的托塔天王。

正因为朴刀在大众之间的知名度如此之高，记录宋代"说话"资料的专书《醉翁谈录》把所有话本分为八个类别，其中便有一个类别叫作朴刀。其中收录的故事，有《青面兽》，即后来水浒里的杨志卖刀；还有《大头虎》《王沙马海》之类，很可能也是讲类似占山为王的剪径勾当。当时底层的游民，干完一天活，花几个钱买张大油饼，泡上一壶粗茶，听说书先生讲此类故事，应该也是最过瘾的一刻。

第五节
铁枪梨花　终于成为战场第一杀器

枪，这个概念颇为久远。先秦的《苍颉篇》说："枪，谓木两头锐者也。"意思是拿根木头过来，随便在头部或是尾部砍出尖锐形态，就可以称作枪。

所以广义而言，只要是在木柄上装上一个尖锐头部，如从商周的戈到汉矛，都可以归入枪的范围。先秦还有一种殳，尖头无刃，有八条棱，可以刺击、钝击，看上去也有点像枪。而若以狭义论，则矛为枪的前身。从矛到枪的演变，主要就在枪头刃上，矛的头较大，刃平且扁，而且还在战场上演绎出许多奇怪的形状，譬如著名的蛇矛。而枪，却只有三角眼菱形一款，统统都是中间线凸起，左右两侧二角突出对称。

认真讲的话，《三国演义》里那么多使枪的名将，前有马超、赵云，后有姜维、张郃，其实都是说书人的虚幻加工，因为实际上他们用的还是矛。尤其是民间评书，说张绣使一杆虎头金枪，人称“北地枪王”，以一招“百鸟朝凰”威震天下，他的师傅叫童渊，是个凭空捏出来的人物；还有两个师兄弟，一个是张任，另一个便是赵云。赵云使一杆涯角枪，还自创了一套“七探蛇盘”枪法，并最终以这套枪法刺死了他的师兄张绣。故事编得很精彩，可是没有什么史实可作依据，陈寿笔下，只说黄忠、赵云强挚壮猛，并作爪牙，至于他们用什么兵器，一字不提。而以常理而论，他们用的应该也是汉矛，和张飞一样。

但是汉代确实已经有枪这种兵刃，只不过尚未完全脱离矛头形式，差别只是刀刃比较锐长而已。汉代《通俗文》对枪的定义更是简单：“剡木伤盗曰枪。”也就是说这个时候的枪，只是老百姓用来对付强盗的一根削尖木棍装上枪头而已。到隋唐，流行一时的槊，广义上也可以称为枪。

狭义的枪登上历史舞台，得是晚唐五代。《五代史》就提到了一个使枪的大将，此人叫作王彦章，他为人骁勇有力，能光着脚“履棘行百步”，而他的特长是“持一铁枪，骑而驰突，奋疾如飞”，因此得名“王铁枪”。后唐灭后梁的战争中，他几乎就是李存勖的唯一阻挡，只是和任何时代一样，有一个能人，就有一大帮诽谤诬陷无所不为的官场恶棍，最终将他逼上末途，亦将后梁逼上了末途。依我所见，恶棍常有，而能人很少见；恶棍人多势众，所以常常占据舆论上风，直至将能人逼死。而且在五代，枪和槊已经有所区分，譬如《五代史》描述王彦章被俘这一仗，对手使的就是槊——“（旹将夏鲁奇）与彦章素善，及彦章败，识其语音，曰：‘此王铁枪也。’挥槊刺之，彦章重伤，马踣，遂就擒。”

到宋代，枪已经完全跻身历史大舞台，成为使用数量最多的长兵器。《武经总要》便记载了几种不同类型的枪，其中便有锥枪，也就是此前讲过有人认为岳云所用的武器；有梭枪，是来自南方蛮獠的一种类似标枪的武器，一般配备盾牌作为枪盾组合；有太宁笔枪，枪刃下数寸安装有一个小铁盘，盘上有刃，古人觉得这个形状像笔，因此得名。

宋朝面对的最大问题是如何抵挡辽金的骑兵，所以这里又有一种专门对付骑兵冲击的拒马枪，简单来说，就是拿多支枪捆在

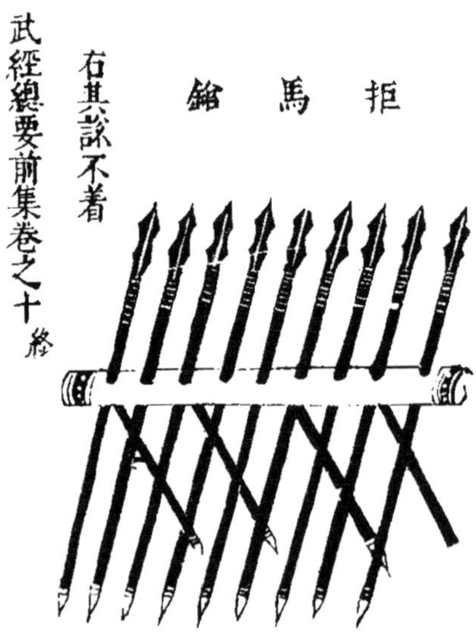

◎《武经总要》上的拒马枪

一起，枪的两端是尖而锐的铁制锋刃，枪柄为木质。使用时，把其中一支枪插入地面，其他几支枪则以多根铁链与前者捆绑在一处，如此一来，骑兵发动冲击之前便要再三斟酌了。

《水浒传》之中还提到了一种特殊的枪，即“金枪将”徐宁的钩镰枪。这里的金枪，倒也不是完全虚构。《宋史》里说北宋京都殿前、侍卫二司统领禁军，最亲近扈从者，叫作“诸班直”，分十五个等级，第九个等级便是所谓“金枪班”。南宋末年的右丞相马廷鸾，有个儿子叫马端临，编了一部典章制度史叫作《文献通考》。此书上说，殿前司所辖禁军中，“骑军有殿前指挥使、内殿直散员、散指挥、散都头、散祗候、金枪班”。

所以这个金枪班，未必是拿着黄金枪或是镀金枪的卫队，但至少是持枪的一支皇家卫队，人数也就百来个。后来南宋又增加了两个银枪班，加起来也不过两百人。从这个人数和他们的地位来看，说这是宋王朝的皇家特种部队也不为过。其人员组成来自禁军中的优中选优，而选用条件就是“善用枪槊者”。

那么徐宁的钩镰枪，又是什么情况呢？我们看《水浒传》影视剧，看到的是一种能轻而易举削断马蹄的铁钩，一下子就能让连环马倒地不起。甚至某版还有“绳拉钩镰枪削马腿”的画面呈现，这种过于神话的剧情设计透露出的，是影视道具设计者对真实历史的一无所知。

其实司马在前文已经讲过了，能做到削砍马脚这个程度，显然“以麻扎刀和战斧入阵”，更为合适。我们可以看《水浒传》

原文，书上是这样讲的："但凡马上使这般军器，就腰胯里做步上来，上中七路，三钩四拨，一捌一分，共使九个变法。若是步行使这钩镰枪，亦最得用。先使人步四拨，荡开门户；十二步一变；十六步大转臼。分钩镰捌缴二十四步，挪上攒下，钩东拨西；三十六步，浑身盖护，夺硬斗强。"此是"钩镰枪正法"。

说得明白点，其实所谓钩镰枪，就是"教步军藏林伏草，钩蹄拽腿"的下面三路暗法，也就是"但见马到，一搅钩翻"——十名钩镰枪手加十名挠钩手为一队，埋伏在树林草丛中，连环马接近，钩镰枪手将马钩倒，挠钩手则对付骑手。

而且要做到这一点，还必须是在芦苇丛和树林中，即骑兵无法在此处快速跑动的情况之下。

所以这种钩镰枪，也就是一种特殊情况下使用的兵刃，而非寻常之物。

这里要插一句，钩镰枪这种非常规武器，一直到明代还能在战场上看见。绘制于明代的《倭寇图卷》中，明军所携带的长钩形武器，显然就是钩镰枪的后期变形，只不过造型和名号都有所改变，叫作蝎子尾。前端突出尖锐的刺状结构，在战争中可以钩住敌人，继而以刃部取其性命。

然而，不论造型如何怪异，这所有的枪，都不如两宋之际的另一种枪——梨花枪。梨花枪有多奇妙？直到明朝戚继光还赞不绝口，他的《纪效新书》说："枪法之传，始于杨氏，谓之曰梨花，天下咸尚之，变幻莫测，神花无穷，后世鲜有得其奥者。”所以戚继光练兵，就拿这套枪法去教学。

《宋史》也说，有个叫李全的人，以弓马矫捷，能运铁枪，时号“李铁枪”。那么“李铁枪”为什么到了戚继光就叫“杨氏梨花枪”呢？因为“李铁枪”不算最牛，“李铁枪”的老婆杨妙真，才真的是“二十年梨花枪，天下无敌手”。

说到杨妙真，那就必须在这里提一提距今八百年前的红袄军起义。红袄军起义发生在山东、河北一带，造反的目标，就是女真建立的金国。当时杨妙真的哥哥杨安儿在山东益都起兵，李全则在潍坊。后来杨安儿战死，他手下的部队就归了妹妹杨妙真。于是杨妙真和李全结为夫妇，将两路人马合为一处，目标则是当时分处北方各处的女真“猛安谋克”——大家可能更熟悉的是清朝的八旗制度，意思差不多，几百年间也就换了个叫法而已，旗兵入关之后，在京的叫禁旅八旗，驻扎在各地的叫驻防八旗，和“猛安谋克”一个意思。清朝八旗在辛亥革命之际被革命军砍，猛安谋克在金元之际就被红袄军砍。

那么这个梨花枪神奇在何处呢？所谓梨花，并不是真的在枪上插一朵花，而是在这种枪的枪头下面，绑一到两个火药筒，具体来讲是柳炭、铁滓、磁末、硫黄、砒霜的混合药剂，可燃烧、可喷射，其烟还有毒——杨妙真与敌人厮杀之际，先发射火焰，造成敌军的混乱，再用枪头逐个扎刺，此时敌军或被烟熏得无法睁眼，或中毒眩晕，或被火烧伤，自然无法抵抗。

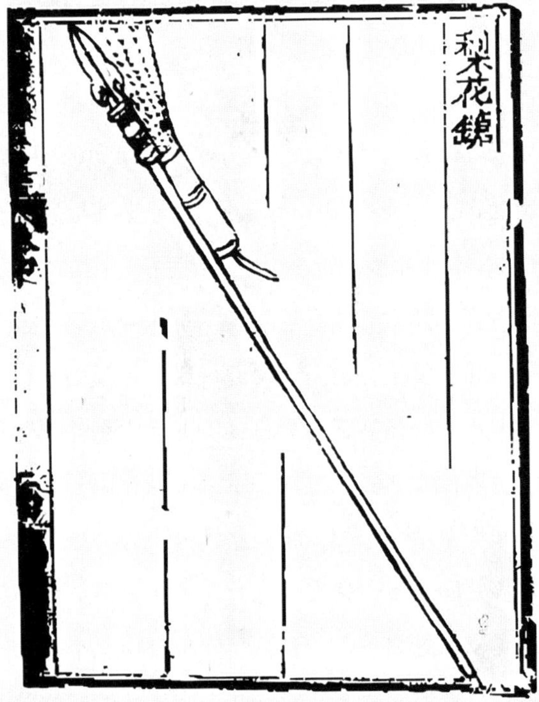

◎《武备志》上的梨花枪

为什么叫梨花呢？因为喷药筒内，装有铁蒺藜、碎铁屑，看上去很像梨花。换言之，杨妙真的梨花枪，不是一件纯粹的冷兵器，而是冷兵器到火药兵器的过渡版。

火器时代，正式到来！

第六节
一支穿云箭　铸就宋辽百年和平

1004年，即北宋真宗景德元年，辽国大举南下，于该年年底，推进至澶州，即今天河南省濮阳市。契丹军先锋萧挞凛，因为自恃骁勇，以轻骑临阵督战，督促人马，三面围城。他的旗帜显明，立即便暴露了行踪。就在此时，澶州城头床子弩做出回应，数十支弩箭射向城下，登时一箭正中萧挞凛的额头，死！

辽国萧姓，大家都熟悉的。《天龙八部》里的萧峰，就是辽国萧姓子弟。在真实的历史上，萧姓基本上垄断了辽国的皇后一脉，所以这里提到的萧挞凛，其实就是辽国的外戚。往上回溯，你更会发现，这个家伙还参加了986年的宋辽燕云之战，当时他跟随的大将，是耶律斜轸。那一年，他们俘获了宋朝的大将杨继业，即连环画《杨家将》里的杨令公。

再往后发生的事，便是宋辽缔结澶渊之盟，这个我们且不去说它，单就讲一讲这一仗中，射死萧挞凛的这把弩！

◎ 床子弩示意图

床子弩，其实就是唐朝的绞车弩。杜佑《通典》说："今有绞车弩，中七百步，攻城拔垒用之。"可见那个时候，绞车弩已经运用在城池的攻防战役中。据说，唐朝军队一般会在攻城之际，安装此类弩，人力无法拉开这张弩，必须以轴转车（绞车）张弦开弓，弩臂之上一共有七条矢道，左右各放三支小箭矢，居中搁一支巨箭，"长三尺五寸""粗五寸"，一发齐起，"所中城垒无不摧毁"。到了宋朝，这种大杀器已经能联装两到三张弓，利用几张弓的合力来发射箭矢，所以力道更大、射程更远。《武经总要》中所记载的三弓床弩，被称为当时中国最强的弩，号称八头牛才能拉动，所以称为"八牛弩"，绞轴张弦需动用一百余人方能拉动。至于射程，原来是七百步，到宋朝最高峰时期提升到了一千步，宋制一步约抵现在的一米五，那么一千步也就是一千五百米。而西班牙人用来征服印加人的火绳枪，射程不过二百五十米；英国长弓的最远射程，也不过三百六十米。

大宋的开封府，有个专门生产武器的机构，叫作工署南北作坊，另外还有专门的弓弩院，《宋史·兵志》说这里的年产量，是三万二千副盔甲、一千六百五十万把弓弩。当然，宋朝还有一些地方兵工厂，他们也有产量，据说单是弓弩，一年就能完成六百二十万把。其中便有床子弩。

当时在澶州城头布防床子弩的将领，叫李继隆。他可不是什么平常人，他的妹妹就是宋太宗赵光义的皇后。宋辽高梁河之战，他也在其中，当各路人马纷纷败退之际，只有他的部队，且战且退，安全撤离。此后李继隆多次与辽军耶律休哥交手，亦未落下风。宋真宗亲征之际，他就被任命为驾前东西排阵使，先一步抵达澶州。床子弩这种大杀器，就是他从开封的弓弩院带到前线的。

某种程度上，宋朝也确实可以叫作“弩王朝”，因为没有养马地，就没有好马；而没有好马，也就没有精锐的骑兵。所以“工署南北作坊及弓弩院，每年造铁甲、弓”，如果敌人入侵，就靠这两样，一是防身，一是退敌。

当然，大宋的远程武器，远不止床子弩这一样，神臂弓的名气其实更大。史料记载说，这种弓最初是由一个姓李的人，于宋神宗熙宁年间献给朝廷的。这种弓，样子看上去像弓而不是弩，需要用脚来踩才能拉开，射程两百四十步，那它厉害在哪儿呢？就算敌人身穿重甲，都能射穿（这个可能有些夸张了），所以得名神臂，是当时最厉害的弓。

弓不寻常，当然这个献弓的李某也不可能是寻常人，他原本是党项羌的酋长，即是西夏的同族，可是却弃夏投宋，后来他就成了宋朝的边将，几个儿子在西部都颇有些骁勇的名声。

到了南宋，为了克制女真的重骑兵，当时确实想了不少办法。除了上文讲过的岳飞“刀斧砍马腿”法，另一种便是所谓“步兵叠阵法”，即步兵分多排列阵。第一排是坐在地上的长枪兵，核心就是一个“坐”字，目的就是好用枪扎敌人的马；第二排是弓手；第三排是弩手；第四排就是神臂弓。

第七节
从投石机到“回回炮”　蒙古人赖此攻破襄阳城

比弓弩和梨花枪更猛的武器，自然就是枪炮了。

先来讲枪，这里的“枪”，是火枪。

全球第一支发射子弹的枪是南宋的突火枪。

南宋理宗开庆元年（1259年），抗元前线的寿春城，有人发明了一种神器，叫作突火枪（右图），“以巨竹为筒，内安子窠，如烧放焰绝，然后子窠发出如炮声，远闻百五十余步”。

◎ 突火枪示意图

这种枪有管状的枪身，内部装填火药与子窠，点燃引线后，火药喷发，将“子窠”射出——这，不就是火枪吗？虽然枪身不是金属而是竹筒，射程也只有一百五十步（约两百米），但火枪的基本元素都已经具备，发射之际，需要以木棍拄地，防止震动失去平衡，士兵要用左手扶住铁管，右手点火，突火枪会发出一声巨响，射出石块或者弹丸。

这种武器能打败蒙古人吗？答案是不能。因为这样的步枪杀伤力实在有限，射程又短，而且竹子枪管还容易炸膛，老实说，对持枪士兵的伤害很可能更大于敌人。而且这种枪的装填速度非常慢，由于需要从枪口塞入子弹、火药，士兵必须放下步枪，从枪口借助捅条等物品才能完成装填。你可以想象一下，即便你在两百米一枪打中了蒙古人，下一枪该怎么办？所以，突火枪虽然是跨越时代的高科技发明，意义重大，却不足以引起当时南宋政府的关注，即便引起了关注，也无法改变宋元之间巨大的实力差距。

那么，我们就不讲枪，来讲一讲炮。

早期的“炮”，其实并不是“火”字旁，而是“石”字旁，这是为什么呢？理由很简单，因为最早的“砲”就是投石机。最初的投石机，出现在春秋时期。据说吴越争霸操盘手范蠡写的《范蠡兵法》中，曾提到当时的投石机可将重达六公斤的石头抛至一百多米之外的敌军阵地。投石机的原理并不复杂，即依赖竹、木板弯曲时产生的力抛射弹丸，现代科学将这种力称为物体张力。

投石机的优点是同时具备攻、防两种功能，既可以作为防御工具安插在城头，也可以作为攻城工具安置在城下，不论攻、防，都具备相当的杀伤力。除了石块之外，圆木、铁块都可以作为投掷物，甚至还可以用绳、棉线等蘸上油料裹在石头上，点燃之后作为火油弹发起攻击。其杀伤力取决于抛物重量大小与抛射距离远近，射程通常在三百步以内，石弹重量则可重至上百斤，拽炮人数也从数十人到数百人不等。巨量的石弹可能瞬间令敌方的防御工事坍塌。

但是投石机也有一个问题——易遭攻击，且基本上没有防护能力。一旦对手发现目标且在攻击范围内，集中攻击，机毁人亡几乎就是难以摆脱的厄运。所以到东汉时期，便出现了带轮子的投石机升级版，叫作发石车（霹雳车）。《后汉书》说袁绍在官渡之战期间修了很多高橹，堆起土山，在很远的距离之外就能往曹操营中射箭，以致于曹军士兵即便在自己的大营里行走，也得用一块盾牌挡住上方。曹操便调来这种新式武器，最终打败了袁绍。

但是这一时期的发石车，还不能连续抛射，于是稍后魏国的给事中马钧，便采用了旋转车轮这一新技术，利用车轮不断转动的原理，制成转轮式抛石机，可以连续抛射数十块石头，这是所谓的车轮炮。直到明朝的《武备志》，还记有车轮炮的详细装置："每轮辐条十八根，长一尺四寸。每条左右傍铳二杆。铳内装火药铅子，一骡驮架二轮。以皮条护铁吕以固药子，连木架重二百余斤。"这个时候，一架车轮炮已经可以安装石弹达三十六发，确实杀伤力巨大。

此后千余年，发石车运用的战例屡见不鲜，李世民攻打洛阳时，就曾使用发石车。李世民东征高丽，连续十二天昼夜不停地猛攻辽东城，发石车更是发挥了很大作用。在安史之乱的太原保卫战中，李光弼之所以能击退史思明的攻击，就是因为有需要两百人挽索发射的巨型发石车，号称一颗石弹就能打伤对方数十人，打得叛军最终解除包围，溜之大吉。到宋元时期，金兵围攻开封府，也不是像某些人臆想的一样骑着马儿往前冲，而是架起几百辆发石车，用石弹填平了护城河。

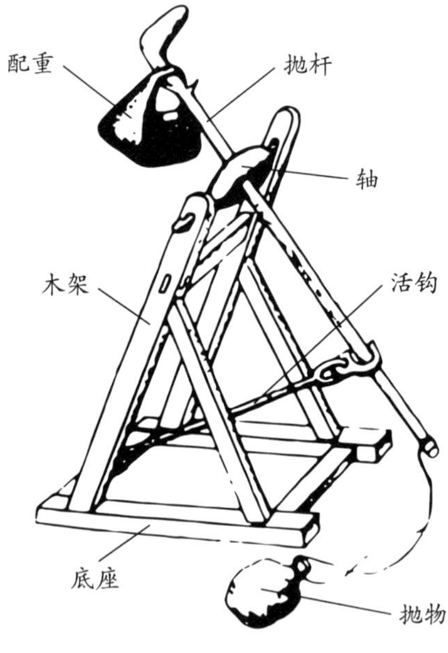

◎ “回回炮”示意图

这里要说的是，发石车之类的装备并不是中国独有，在西方世界也很早就投入使用，所以蒙元时期，也曾将西方的发石车拿过来用。上图就是西域回回人阿老瓦丁和亦思马因为蒙古人制作的“回回炮”。《元史》说亦思马因到达襄樊前线后，把炮安置在城东南隅，其“重一百五十斤，机发，声震天地，所击无不摧陷，入地七尺”。“十年正月，炮攻樊城，破之。”“既破樊，移其攻具以向襄阳。一炮中其谯楼，声如雷霆，震城中。城中汹汹，诸将多逾城降者。”正是在这样的情势之下，吕文焕终于失去抵抗意志，纳城归顺元军。相持多年的襄樊战役，就此结束。

稍后，元军又在1274年的渡江战役中使用此炮。当时宋军水军船队拦截南下的蒙古人，于是元军便在江北以“回回炮”发起轰击，结果宋船全部沉没——花了很大成本在火器上的宋朝，最终却被“回回炮”打败，这真的是非常无可奈何、让人胸闷的事。

不过，“回回炮”毕竟还是一种加强版投石机，科技含量更高的，其实是火炮。南宋绍兴三十一年（1161年），即岳飞遇害后十九年，完颜亮四路大军南侵，试图一举灭宋。当时宋朝在两淮一带的驻军闻风溃散，负责督视江淮军马府参谋军事并到前线慰劳军队的中书舍人虞允文，抵达采石前线之际，发现宋军根本就是乱作一团，前任主将已经因无能被罢官，继任者还在路上，而对面的完颜亮已经在准备过江。危难时刻，虞允文宣布朝廷号令，动员将士，实际上他担起了主将的责任。金兵过江之际，他指挥水军，出动船只，使用船上配备的一种新式武器，令长江之上烟雾弥漫，不善水路的金军随即便被击败，不得不撤回北岸。

那么，虞允文使用的新式武器是什么？霹雳炮！

世上万物，都不是一蹴而就的。霹雳炮的发明和演变至少也要分三步走。这第一步，叫作猛火油柜。《武经总要》说，“以熟铜为柜，下施四足，上列四卷筒，卵筒上横施一巨筒，皆与柜中相通”，一旦施放，就会有油从火楼中喷射而出，旋即变成一道烈焰，殃及者顿时全身糜烂，就算立即跳入江河，也不会马上熄灭。

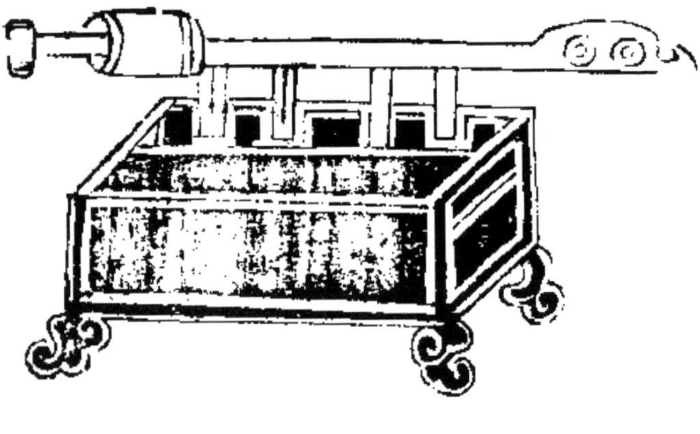

◎《武经总要》上的猛火油柜

猛火油柜这么厉害的关键是石油，只不过当时叫作火油，后来由沈括改名为石油。释放者在柜子里储存大概三斤火油，一声令下说“发射”，他就推动活塞杆，油从柜中通过铜管进入横筒，再通过阀门压入喷油孔，用烧热的铁锥点燃火油，烈火便喷射而出焚烧对方战船。

最早把这个秘密武器拿出来用的，目前所知是南方的吴越国。当时吴越出动五百多条战船攻打敌军，就使用了这种装着火油的铁筒，一举烧毁对方四百多条船，大获全胜。

到了采石之战一百八十六年前，即北宋开宝八年（975年），宋朝派兵南下攻打南唐，南唐人也使用了这种神器。当时，宋军已经突破秦淮，正在扫除金陵城外的据点。南唐大将朱令赟率领南唐十五万水师从江西湖口起兵。在皖河入江口，即今天的安庆市大观区山口镇附近，南唐水军遭遇了来自北方的宋军。于是朱令赟立即下令，“以火油纵烧”，也就是拿吴越人当年的老办法来对付宋军。

面对猛烈的大火，宋军当然是抵挡不住，可这个时候天意助宋，莫名其妙风向就变了，火焰反而扑向了南唐这边——“反焰自焚，水陆诸军十五万，不战皆溃”，把本可以拯救南唐于危难之际的大将朱令赟，烧死在战场之上。

而与采石之战同年发生的，还有一场宋朝浙西路马步兵副总管李宝奉命袭击金国水军的战役，发生在今山东省青岛市。当时金国的舰队正停泊在此避风，打算等风停之后就南下侵宋。没想到宋朝人水上能力强，他们的船不怕这个级别的海风，偷偷进入了这片海域，一看对手也在，立即发起攻击。两军相距只有几米之际，宋军亮出大杀器猛火油柜——金人从未见识过的玩意儿，一条条火龙喷向对方的水军舰船，旋即敌军的船纷纷起火，金国花了大价钱打造的舰队，很快报销了账。

在采石这边，虞允文使用的新式武器，则是一种比猛火油柜更高级的火器——霹雳炮！这名字一听就很威风，如果金兵有战场实录的话，就能查到之前的北宋东京保卫战中，李纲之所以能打退金兵，其中一个原因，就是用好了这个炮："夜发霹雳炮以击贼，军皆惊呼。"

这里要插一句，宋朝对于科学技术，尤其是火器的发明创造，是非常鼓励的——如果后面的明清能把这种政策延续下去，鸦片战争何至于会打成如此结果？宋朝这边，早在赵匡胤时期便有一个叫冯继升的小官发明了"火箭"，还在皇帝面前做了现场表演。赵匡胤不但没有像后世皇帝那样责骂他一顿，或是很高傲地表示不屑一顾，还非常高兴地赏给他衣物布匹作为奖励，这样一来便鼓励了很多有志于火器事业的人。到了宋真宗时期，又有神卫兵器军队长唐福献上了他研制的火箭、火球、火蒺藜等物。当时的北宋，已经在包括今天的南京在内许多地方开设火药制坊，专门制造这种火药类的武器，开封也有专门的工厂——"火药窑子作"。

正是因为有这些前奏，到完颜亮南下采石之际，对面南宋的水军忽然有了动静："舟中忽发一霹雳炮，盖以纸为之，……其声如雷，纸裂而石灰散为烟雾，眯其人马之目，人物不相见。……遂大败之。"这段描写出自杨万里的《海鳅赋》。

这个新武器，说白了就是拿装有石灰和硫黄的纸，点着后升入空中，再落入水中，硫黄、石灰遇水发生化学反应，从水中弹起，纸筒裂开，然后石灰、烟雾就会四散——不能像后来的火炮那样直接伤人，只是起到烟雾弹的作用，迷惑敌人，然后再由我方的勇士发起袭击，打败这些陷入混乱的敌人。

只是很可惜，宋人用的火器，很快也被金人学了去，而且在北方得以升级换代。到完颜亮之后的金世宗时期，就有一个山西人，研究出一种陶质体的下粗上细的"火罐炮"，不过他的目的不是杀人，而是用来捕获猎物，据说就是狡猾的狐狸。他把火药装入罐内，在罐上面的细口中安上引信，然后拿到狐狸所在的地方点燃爆炸，发出剧烈声响，狐狸以为天塌了，就会立即从隐藏处逃出来，结果正好撞入罗网。

再往后，金人发明了真正的金属炮（炮弹），叫作"震天雷"。比较常见的，就是一个罐子，口小身粗，外安引信，内装火药。金人把这个罐子安在投石机上，向蒙古人投掷，触地之际，便发出一声巨响，炸人炸马炸堡垒，都妥帖得很。金国晚期，蒙古人的骑兵多厉害啊，金兵就只能窝在城池里，拿这个来对付蒙古人，一度打得蒙古人焦头烂额。后来还有一种手法是拿火点燃震天雷之后，从城头往下投掷爆炸，和后来扔的手榴弹差不多。

继金人之后，宋人也研究出一种“霹雳火球”，就是挑径一寸半无罐裂的竹子，拿薄瓷包三十片铁钱，与三四斤火药混合，裹在竹子里，做成一个球形。金军和后来的元军入侵之际，宋军就拿烧红的烙锥引燃这种霹雷火球，然后用投石机掷向敌人，火球一落地就会爆炸，声音极大，除了巨大声响和烟熏火燎之外，里头的碎瓷片也会随着爆炸波射散四方，说不定就扎到金军的肉体之上，造成实质性的伤害。甚至，还有可移动的火器战车，出现在宋军的野战阵中，有点像后来的坦克，射程是两百步，叫作“砲车”，《宋史》这样描述：“砲车在阵中，施火石砲，亦二百步。”后来元朝灭了宋，就拿宋朝这些火器去打日本，日本人平生第一次看到这种吓人的武器，便有战争的亲历者画下来，即《蒙古袭来绘词》。

不过早期的火炮，杀伤力还不如回回炮这样的投石机，要不然拥有震天雷的宋、金，怎么会输给蒙古，遭遇亡国的厄运呢?

尾　声
曾经辉煌灿烂　宋朝军工业的溃烂之路

在讲兵器之前，我们应该先谈一谈宋朝的练兵大业。大宋和汉唐最大的不同，就是别人都是征兵入伍，兵役期满就回家种田，甚至还有一边打仗一边种田的屯田军，而大宋是职业化军人。这点不同很容易让人觉得：宋朝应该更厉害！

理论上讲，确实如此。在宋朝，要想成为一个军人，你不能光说自己厉害，一定要通过体能、理论和面试三道关。理论主要面向的是军官，宋朝有一本《武经总要》，相当于当时宋朝军官的基本手册，正常来说，是需要每个军官熟读的。入伍之后，你也要了解一些基础的东西，譬如军事术语、旗语等，然后就是每日的常规训练，“草教日阅，无得番休”。

让人难以忍受的是，士兵入伍之际，要在脸上刻一行字。这个事不是宋朝才有，五代时期的朱温就创下先例，在所有的军士脸上刺字，标记他所在的军号，这样的话无论军士跑到哪里，都可以从他脸上的刺字看到他过去归属于哪个队伍，各地关隘和地方官府都要抓住他，送回原地处死。换句话说，哪怕当兵只有一日，这个字都要跟你一辈子，而且是在脸上，不是在胳膊、大腿这些可以遮挡的部位。当然，入伍也有好处，大宋为士兵包吃包住包穿，所谓“三包”，是不是就是从这里开始的？

宋朝还有一整套单兵与不同兵种的训练，考核也很严格，优者赏，劣者罚，甚至杀。这样做会有什么问题吗？事实是，随着宋朝朝政越来越腐败无能，武备日渐松弛，训练日渐应付，兵员数可以报假账，譬如明明一千人，却上报两千人，那一千人的军饷不就落进上报人的腰包了吗？可是要打仗了怎么办？于是就到街头把那些小混混全部拉进来充数，一上战场，敌人冲过来，你一回头，后面的兵呼啦全跑了。

兵是这样，兵器又能如何？

一开始其实是严格到位的。成书于宋朝的《古今源流至论》说：“昔我祖宗之定天下而治不忘乱，安不忘危，其于武备尤切留意造兵器者，十日一进课其功也。”所谓“于武备尤切留意”也不全是虚的。宋朝的开国皇帝赵匡胤，每隔十天会跑一趟兵工厂，或是阅看所制兵器样品，检阅各种兵器打造得如何，质量能否过关。

就是在赵匡胤这样的密切关注下，宋朝的兵器制度一开场很有成效。兵器作坊实行集中管理，以官营为主，有京师兵器作坊和州郡兵器作坊两种。京师兵器作坊又分御前（内廷）和朝廷（外廷）两大系统。朝廷系统所造兵器主要用于给中央禁军和地方军队配备兵器，包括南北作坊（又称东西作坊）、万全作坊、广备攻城作、弓弩院、造箭院等。

赵匡胤如此，后来的继任者也不失其风采。譬如宋太宗，就曾亲自去弓弩院察看。而到了王安石变法时期，还设立了一个机构叫作军器监，制定了一整套严格的制度。开封的兵器作坊将军器监所定兵器的样式交给工匠。工匠按样制造，然后按负责制造的兵器数量领取原材料。各兵器作坊，每十天要派官员对所制兵器的数量进行一次统计，并以此检查、考核，实行赏罚。检查考核的内容有领用胶漆筋革材物的数量与成品的数量是否相当、作业是否勤劳、技能的优劣程度等。兵器制成后，要抽样呈送便殿等机构检查，将合格制品送交库存。经过试验后，选择精良的制品作样本，颁发至各州都作院进行制造。各地都作院所制兵器的质量若达不到要求，所在官员不得验收，对泄露兵器制造式样者，以违制论处。

这样的体制，即便在宋室南渡后，也保留了下来。军器监及其下属的五十一个作坊，全部随迁至临安，规模巨大的兵器制造作坊以及多达两千的工匠，每年兵器的制造量多达三百万件。

而这些制造出来的兵器是否合格，还有卫尉寺进行验收，合格者送武库收藏，不合格者给予处罚。有罚便有奖，凡是军事技术的革新和发明创造，都有赏赐。譬如前文已经讲过的兵部令史冯继升上报火器制法、神卫水军队长唐福献自制火器，都得到了朝廷的赏赐。

可是宋朝的军事工业还有不堪的另一面。欧阳修曾说过："诸州所造器械，数不少矣……然而铁刃不钢，筋胶不固"，"精好堪用之器，十无一二"。解释得简单点：大宋军工质量越来越差！如果大臣的话不足信，那还有皇帝的表态，宋仁宗在1059年就曾发布诏书说："在京所造军器，多不精利。"

到了1071年，宋神宗又说："天下州军上供兵器……有司奉法不谨。"当时就连王安石的儿子也忍不住抱怨，说全天下造了那么多弓弩甲胄，居然没一件好的。他的原话是："天下岁课弓弩甲胄入充武库者以千万数，乃无一坚好静利实可为备者。"那皇帝都这样责备了，是不是会好一点？结果到1078年，宋神宗从西作坊抽查弓弩质量时，首次查验不合格，再抽查三张，居然还是一塌糊涂。

究其原因就得看看宋朝的兵器管理机制。最初，大宋帝国的兵器是由三司下属盐铁部来管。盐铁部下面又有一个胄案，主要掌修护河渠、供给造军器之物品，领军器作坊、弓弩院诸务季料帐籍等业务。这个部门其实就是管账的，三司本身就是财政部，一直到宋神宗时期，才正式设置军器监。

比官制更难堪的是管理人员。宋朝的科举制度，选拔的是一些写官样文章唱高调的人，干这个兵器制造管理的技术活，难度不小。即便是有适合这个岗位的专业人才，在当时的官僚文人体制之下，又如何能进入权力中心？而不适合这个岗位的人却又在此尸位素餐，这样的人如何会客客气气地听那些懂行人的意见呢？这是很多人都亲身经历的状况，拿脚趾扳都知道是个什么场景。所以，越来越多的官二代衙内成为宋朝兵器铸造的主管，玩忽职守是小事，公器私用也是小事，指使工匠干私活更是小事，兵器越打越差，自然是意料之中。

既然是这样的一个群体来掌管兵器的制造，很多奇事出现，就不足为奇了。譬如说，弓箭制造，讲究“年弓月箭”四个字，可是官二代来了，说工期太长你偷懒，就把一年工期给改成几个月了，质量只能大幅降低，这就叫作没办法的粗制滥造。

还有，不产铁的地方，刀、枪、戟怎么造？不产翎毛杆支的地方，弓、弩、箭怎么造？是互通有无、交换资源，还是闷头不管、胡乱了事？工匠呢？大宋讲不讲工匠精神？工匠的工资高低怎么算？是技术高的人多给钱还是关系硬的人多给钱？一样是工匠，当时还存在民匠和军匠之分。军匠其实就是体制内人员，民匠则是临时工，工资微薄，还常常遭遇克扣、拖欠，老百姓也要生活，不可能打白工，你欺负他，他就给你偷工减料。

有人说不对，古制官家的东西上都会刻有工匠的字号，一旦发现质量问题，那可是要根据这个问罪的。理论上确实如此，一千件中如果有一件出问题，是可以这样查。可是一千件中如果有几百件都是这样呢？如何去查？更大的问题是：如何保证查的人没有问题？

宋夏三川口战役就是如此，堂堂大宋的精锐，居然打不过西夏人。更丢脸的是，不是人家比你肌肉发达比你粗野，而是人家用的兵器，比宋朝这个号称东亚第一文明大国、国内生产总值第一的超级强国用的质量还要好。当事人之一、陕西经略使夏竦的判官田况就不客气地说："今贼甲皆冷锻而成，坚滑光莹，非劲弩可入。"而他的建议是将宋朝开国皇帝赵匡胤时期的盔甲拿出来发给前线，那个时候还没这么腐败，军器制造质量过关，只要换个皮绳就能用。

实际上，田况不了解的是，保管又是另一个问题。宋以前的盔甲兵器，是由自己购买保管的，《木兰辞》中如此描述："东市买骏马，西市买鞍鞯，南市买辔头，北市买长鞭。"要知道这个兵器是要拿来保自家性命的，当兵的能不把武器盔甲保护好吗？可是宋朝因为担心士兵造反，要求士兵打完仗十天之内就要把武器盔甲交还仓库，否则就得吃六十大棍。武器盔甲的保护，也交给官僚制度控制下的相关部门掌握。

保管是要花钱的，可是这个钱会不会真的花在这个事情上，那就存疑了。事实上，不论是保管还是打造，文官主导下的军器工业，要么因为贪污而经费不足，要么为了追求政绩而减少开支。总之，实际到位的兵器费用越来越少，到了北宋末年，甚至连边军都穿不上一件完整像样的盔甲。南宋初期的宰相吕颐浩忍不住抱怨，说连"外域之兵"，都能穿着"全装衣甲"来打仗，可是我们"中国甲士"身上却只有前后甲、护臂，加上皮笠子，没有像样的兜鍪，这样怎么会不"怯战"呢？难道真的是大国穷到连士兵盔甲都配不齐全了吗？

所以，宋朝的弱，究竟弱在哪里，诸位心中应该多少有点数了。

第六章

元明　火器时代　正式来临

14世纪60年代，欧洲出现了第一种管形金属制火器，称为火门枪。1364年，意大利佩鲁贾军火库的一份清单上记有“五百门炮，一扎长，可持于手中；非常漂亮，能射穿任何甲胄”的字样。这便是欧洲人关于枪炮的最早记录。

往前推一百二十三年，准确地说是1241年4月9日，波兰一座叫作里格尼茨的小城附近，国王亨利二世正准备与他此前闻所未闻的神秘敌人交战，这支神秘军队的传令官，挥舞着羊头徽标，而一种奇特气味的烟雾，正在战场上散布开来。更远处的芦苇和牛粪也被点燃，而那些神秘军队的士兵，则佩戴着怪异的湿面具和蘸水护具。

几乎所有骑士都听到了忽然的“轰隆隆”巨响，这声音来自敌人阵后的配重投石机和架设式火箭。随即毒药烟球和火箭，便自空中飞射而至，砸在波兰人的骑兵队列中。当然波兰人并不知道这一切，他们认为这是巫术，因为许多士兵随之出现了眼泪直流、恶心呕吐的情况，或干脆直接晕倒在地，后来欧洲的犹太人为此莫名其妙倒了霉。

这个时候，神秘军队的骑兵突然在烟雾之中出现，他们自两翼包抄而至，重骑兵正面冲击波兰骑兵，弓骑兵则开始屠杀左右没有盔甲的步兵，他们主要是被征召而来的矿工和农民。而波兰最后方的圣殿骑士，则被溃败下来的人挡住了去路。

波兰人的王亨利二世，最终被这些神秘敌人俘虏，被迫向他们之中的战死者尸体下跪，之后便像绵羊一般被斩下首级，头颅被插在他们的枪尖上，围着里格尼茨城游行。

整个欧洲都陷入对这支神秘军队的恐惧之中。

这支神秘军队，便是蒙古远征军。

第一节
蒙古远征 打晕欧洲人的神秘武器

波兰人后来如此描述这场战役：

“但见大旗一挥，出现了伸出脑壳的妖物，从它嘴里喷出一阵烟雾，发出的臭味令人难忍，波兰军队士兵个个不敢正视，这一仗死伤了许多人。”

这种让波兰人晕倒的化学武器，其实叫作毒烟球。毒烟球的配方在北宋的《武经总要》中有记载，成分有草乌头、巴豆、狼毒（狼的粪便）、砒霜（炼丹而成的金属砒霜）等，再加入火药成分硫黄、焰硝、炭末等，捣和成球，用麻绳串住，长一丈二，重半斤，为弦子。再用故纸、沥青、麻皮、黄蜡等物捣和涂在球的表面，用炮放出，毒气熏人，可致人口鼻出血，中毒身亡。

下图是一种叫作一窝蜂的火器，据说也在波兰战场上使用过。制作方法是用一种特制的木桶盛火箭，桶为长柱形，上大下小，内有安剑格板二层，旁侧有火门，上有活盖。内可装火箭三十二支，每支分插一格，杆长四尺二寸，上缚药筒，筒长四寸。每支火箭的引信集作一束，通向火门板上的火门外。点火后，数十支火箭可同时射出，火力极猛，可击敌于三百步之外。

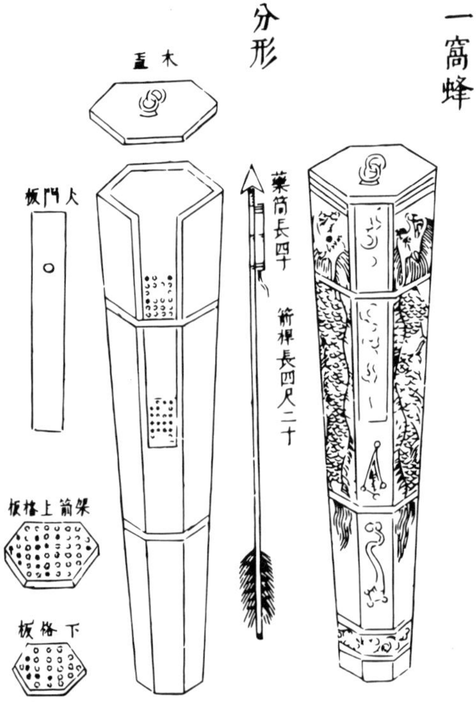

◎《武备志》上的“一窝蜂”火器

《波兰史》还记载说，当时有一位波兰学者就在战场附近，他在残破的修道院塔楼上目睹了整场战争。蒙古人使用了一种武器装备，就像木筒一样。蒙古人点燃木筒一端，火箭从另一侧飙射而出，对波兰人造成了巨大的杀伤。他还特别指出，这些火箭均雕刻成龙头的造型，所以后来欧洲人便将此物称作“中国火龙”。后来，我还真在《武经总要》书上找到了这幅图。

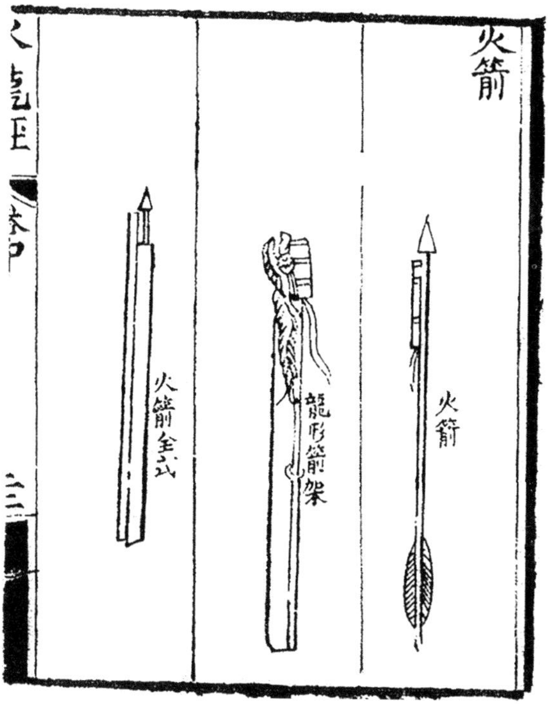

◎ 《武经总要》上的火箭

此战过后十九年，也就是1260年9月3日，埃及的马木鲁克骑兵成功地击败了蒙古人，这也是穆斯林世界首度对蒙古人获得胜利，此后蒙占人便停止了向西进一步的扩张。而一批来自东方的火器，更重要的是一些制造火药的工匠，也在此役中落入穆斯林之手，即契丹火枪和契丹火箭。14世纪初，阿拉伯人将这两件火器升级为“马达发”，一种是用内装火药的短筒，筒口安置石球，点燃引线后，火药发作，石球射出；另一种是用内装火药和铁球的长筒，然后装上一支箭，临阵点燃线后，火药发作，冲击铁球，同时将箭推出。

若干年后，这些火药武器又传入欧洲。

而这个时候的中国已经出现了世界上最早的一支金属管形射击火器。这便是元大德二年（1298年）的火铳，铜质，现存于内蒙古蒙元文化博物馆。“大德”是忽必烈孙子元成宗的年号。火铳上还有一个编号“数整八十”，可知当时这种火器的制造已经成了规模。但是这种火铳的发明时间至今仍无法知晓。我们只知道忽必烈曾在1279年把各地工匠集中在大都，利用南宋原有的冶金、火药和兵器制造业的基础，研制新兵器。

青铜铸管的火铳，意味着能耐较大膛压，使用寿命长，可以反复装填火药和弹丸。换句话说，可以用火药发射石弹、铅弹或铁弹，且在较远距离杀伤敌人的武器，终于出现了。

元军开始使用成批火铳作战，却不能挽救元朝的速亡。包括火铳在内的火器，很快被元末的农民起义军如朱元璋等掌握利用。在朱元璋与陈友谅两个南方大佬的对决中，火器扮演了很重要的角色。起初陈友谅进攻朱元璋势力把守的洪都（今江西南昌），明军守将邓愈就是“以火铳击退其兵”。稍后鄱阳湖大战中，陈友谅拥有号称六十万的大军，以巨舟相连布成水阵。而朱元璋只有二十万，却将“火器弓弩，以次鳞列”，并布置下合理的战术，即靠近敌方船只，第一步先用火器攻击，造成敌军混乱；第二步用弓弩射击，杀伤敌人；第三步才是靠近敌船接舷跳帮，进行短兵相搏的最后决战。在实战中，朱元璋的部队使用了包括“火炮、火铳、火箭、火蒺藜、大小火枪、大小将军炮”在内的各种火器，一举击溃了人多船大的陈友谅。

稍后徐达攻打张士诚据守的平江城（今江苏苏州）的战役中，明军更是将火铳用作攻坚利器，如《明史纪事本末》记载，徐达当时架起和苏州城里寺庙一样高的木塔，可以清楚观察城中情形，然后便在塔上布置弓弩与火铳、襄阳炮，于是“城中震恐”。

世上很多事，就是这么奇妙。其实最先掌握火铳技术的是元朝。可是元朝骑兵手里拿着火铳，却又废弃了骑马射箭的技术，他们完全依赖这种火器，结果农民起义军都是不怕死的，在大规模冲锋之下，火铳的杀伤力反而还不如原来的弓箭。于是元朝便把火铳给扔了，没想到朱元璋却发现了这种新式火器的优点，虽然暂时不如弓弩实在，可是一旦将火铳集中起来齐射喷发，就能起到远胜于弓箭的巨大杀伤效果，哪怕不能将敌人全部杀伤，造成的威慑力也足以抵挡敌人的进攻。所以到最后，朱元璋这边反而成为最重视火铳的势力。

在某次与元军的对阵之中，元军的火铳抢先开火，一排齐射之后，第二排顶上——这其实是早期枪术运用的基本操作，但没想到的是朱元璋这边做了灵活改变，直接上来两排士兵，一排站立一排蹲，两排齐射，而且打完这一波，下一波又是两排齐射。换句话说，元军打完一组，朱元璋这边已经打了两组，如此密集的火力，当然是朱元璋这边占尽优势。

正是因为在统一天下的战争中看到了火器的威力，朱元璋开国之后，便很重视军队建设中的火器配备。洪武十三年（1380年），他颁布法令，各地的卫所驻军中，需按编制总数的百分之十装备火铳。明朝军队编制实行“卫所制”。一府设所，几府设卫。卫下有千户所，千户所下设百户所，一个百户所兵力为一百一十二个士兵，按十人配备一支火铳的比率，则一个百户所要配备十一支火铳。

明朝当时有两个机构负责火铳打造，一是军器局，二是兵仗局；打造的火铳也有两种，一是碗口铳，二是手铳。碗口铳是一种小型火炮，没有瞄准具，身管短，射速慢，射程近，需置于架上才能发射。北京军事博物馆现存一具明太祖洪武五年（1372年）用铜铸造的大碗口铳，重六十三斤。手铳则是形体较轻、口径较小，可在其后装入木柄以手持使用的火器，明代最早的火铳便是一支洪武五年制的铜手铳。据说后来明朝神机营也采用手铳来做强力配备。郑和下西洋时，也携带了不少手铳与碗口铳，以防不备之需。

当然，火铳的质量如何保证也是一个需要考虑的问题，明朝的方法是在铳身都刻有非常详细的铭文，详细到造铳地点、单位、监造官员职务和姓名、造铳军匠和民匠姓名、用铳卫所名称、使用火铳的教师和习学军人的姓名、火铳的重量和造铳年月等，一旦出问题，该找谁就找谁，找不到人解决的话，这些人统统都有麻烦。而到洪武十三年，就连水军也有了严格规定，要求每艘海运船装备碗口铳四门，火枪二十支，火攻箭和神机箭各二十支。至于城关和要隘，更是不能缺这物件。洪武二十年（1387年），就连偏远如云南的金齿、楚雄、品甸和澜沧江中道，都安置了火铳以加强守备。

不过即便火铳如此大量使用，在整个军队的武器装备清单上，依旧是个小单位，第一是装填子弹太费时，第二是开枪发射速度太慢，第三是准星太差往往瞄不准。使用时，士兵必须先将火药倒入铳管内夯紧，然后装填子弹，之后扣扳机点燃火线引爆火药而射出子弹。那么装子弹的弹匣有没有呢？这个时候出现了一种火药瓮，考虑到火药容易受潮，所以一定是陶瓷质地，而且为了倾倒方便，瓮底还要做一点弧形凸起。还有一种火药罐，则用牛角打制，似乎是随身携带的方便款，可以背挂在身上。

明初洪武年间，大型铳专用于城防要塞；中型则装备于战船和关隘守备，已经出现了向炮演变的趋势；小型则逐渐开始向步枪和手枪方向演变。

第二节
大明神机营　火器特种部队现身

洪武二十一年（1388年），当时明朝的麓川平缅军民宣慰司宣慰使思伦法叛变，以号称一万大军，驱赶三十头巨象，与明军交战。为应对这些巨象，明军拿出了火铳和神机箭。大象一出动，铳箭俱发，叛军终于在持续不断的火力攻击下，全线崩溃。

正因如此，在稍后的靖难之役中，南方军队在使用火器上，显然比北军更有心得。建文二年（1400年）四月的白沟河之战，南方军郭英的部队，就在北军撤退的必经之路上埋设一种名为“石炸砲”的神秘武器，人马踩到基本都会被炸碎，令北军损失惨重，甚至说朱棣身边最后只剩下三个骑兵护卫。《明史纪事本末》说：“（南军）藏火器地中，人马遇之，辄烂。战既解，燕王从三骑殿后，迷失道，下马伏地，视河流，辨东西，始知营，自上流仓猝渡河而北。”

这里的火器，便是用石制外壳，靠里面的火药爆炸石壳杀敌的“石炸砲”，也就是早期的地雷。起初用火线来引火——看到敌人来了，估摸一下抵达的大概时间，然后提前点燃引线，以待敌人到达时间爆炸。当然这样的地雷太过原始，所以后来将石制外壳升级为铁质，并改进了引火装置，譬如用钢轮发火，只要踩到，里面的火石就会和钢轮摩擦生火，点燃引线，能精准爆炸——这样的地雷已经基本接近后来的模样了。

随后，明朝的军火专家还设计出一种“子母雷”，即在一根引线上，拴两个或更多的雷。只要其中一个被敌人踩到，就会触发连锁爆炸，造成对方的大批量伤亡。不光是地雷，连可以拿在手里扔的手雷也被明军研制了出来。有一种蒺藜陶弹，外壳就像多刺的蒺藜，一旦爆炸，这些刺就会扎向敌军，增强杀伤力。更厉害的则是“万人敌”，体型更大，特点是有很多孔。“万人敌”常用于城池的防御，一旦敌军靠近城墙底下，城上的守军就会点燃“万人敌”扔下，在敌军丛中四处转动，不说能炸死几个，起码会造成很大的混乱。

到明朝末年，还出现了一种海战使用的投掷手雷，据说郑成功大举将此种武器运用于抗击清军及收复台湾的海战中，因此被称为“国姓瓶”或“国姓爷陶弹”。这种手雷为陶制，呈长圆柱形，外壁有明显的旋胚痕，适于手握与投掷，瓶内装火药、铁砂，小口处放引线，点燃后掷向敌军，据说杀伤力极大，为郑成功的胜利立功不小。

除了“石炸砲”，另一种让朱棣大吃苦头的武器是火铳。

1400年12月，朱棣的部队推进到今山东聊城——当时的东昌府，建文帝任命的平燕将军盛庸，在此摆下大量火铳兵和弩兵。朱棣亲自带领骑兵冲锋，盛庸故意散开军阵将其引入，然后火铳乱发，北军死伤惨重，大将张玉阵亡于此，朱棣侥幸逃走。1401年3月，朱棣再次南下，推进到今河北省衡水市武邑县附近，盛庸依旧以火枪强弩相对，朱棣曾带轻骑兵掠阵，盛庸却碍于建文帝严禁伤害燕王之旨，不敢开枪。但在此后的混战中，盛庸又杀死北军另一员大将谭渊，朱棣的帅旗被射得像刺猬一样——后来朱棣将这面军旗送回北平，令世子朱高炽妥善保存，留做警示。

而这一场战役的胜负，最后也取决于火器，那便是作为信号的炮声。当时南军因为缺粮，打算突围，定下以三声炮响为号令。没想到这一日北军前来进攻，号令也是三声炮响，结果炮声一响，北军向前冲刺，南军却全面撤退，最终变成溃逃。这一溃逃，便决定了整场南北战争的胜负。

朱棣，正是鉴于靖难之战中的如此遭遇，加上他原本在北方抵御蒙古人的若干心得，所以在当上皇帝之后，对火枪兵这个兵种极为重视。1412年，正是明成祖朱棣，下令在北方的开平、宣府、大同等处隘口，安装炮架，加设火铳。而在此前的1407年，朱棣更是建立了中国第一支火枪队，即所谓神机营。

当然，神机营的设立，还与朱棣南征交趾的经历有关。当时的东南亚，如安南，已经初步运用火器，在安南陈朝和占婆的战争中，陈军就是利用火器进攻占婆王的船，将其当场击毙，获得胜利——按《大越史记全书》本纪卷之八《陈顺宗》记载："时蓬莪与元耀领战船百余艘来观官军形势。众船未会，蓬莪小臣波漏稽为蓬莪所责，惧诛，来奔军营，指绿漆船告曰：此国王船也。溷真令火铳齐发，着蓬莪贯于船板而死。"越南人把这一仗比作刘邦打败项羽，所以此后他们更加重视火器研究，编制出一套所谓"神机枪炮法"。

这里有一个让人费解的问题。明朝打败越南人后，得到了交趾的神机枪炮法，朱棣大为称奇，设置了神机营专门练习这门技术，还特别把越南胡朝的左相国胡元澄任命为"督造兵使局铳箭、火药"，胡大人也就凭着在火枪上的特殊造诣，立下大功，最后升官当上了明朝的工部尚书。由此可见，越南人的火枪制造技术在这个时候已经胜于中原，那么越南人的火枪技术，又是从何而来的？这个时候是15世纪初，而第一个西方人达·伽马到达印度，是在1498年。越南人显然不可能提前从达·伽马手里得到火枪。有一个解释，就是越南人的火器技术其实来自中原，只不过青出于蓝而胜于蓝了；另一个解释，则是西方的火枪技术已经通过某种途径传播到此。因为欧洲最早的关于手持枪炮的记载是1364年。

有一点是可以确认的，那就是越南人要火枪确实有一套。明宣德年间，黎利打败并杀害明军主将柳昇等三万人，依靠的也是火器，甚至到了清朝也是如此。清乾隆年间，清缅战争中的缅军就以枪炮火力极猛著称，曾一枪打死清军总兵德福，而且不单陆战如此，在水上也曾以火炮轰击清兵水师，清缅战争的结果很难说是清朝获胜，客观上讲应该是打个平手。

再讲一讲明朝的神机营。神机营的主要装备是火铳，后来才引进火绳枪，可以说是明朝的独立枪炮部队。就当时大部分军队还是以大刀长枪为主要武器而言，这支军队确实很另类，而西欧出现比较成气候的火枪部队则要推到1510年的西班牙火枪兵，单从这一点来看，明朝的火器应用还是领先于世界的。

有了这些遭遇，朱棣对火铳的重视达到了前人所不能及的程度。在他统治中国的那些年，火铳制造业得到了极大的发展。火器研制者根据当时的需要和可能，把研究的重点放在火铳结构改进、质量提高、性能改良等方面，从而使火铳制造技术得到长足的进步，成为明军的制式装备。明军火铳前膛，药室壁加厚，火门盖和装药匙也陆续出现，后者虽然看似简单，却给火药的配量提供了一个较为科学的标准，不再是随意多少都可以。还有用来压实火药的“木马子”，更增强了火铳的爆发力，扩大了射程。

如今我们仍能在许多文献中看到朱棣对枪炮技术的关注，譬如在永乐十一年（1413年），朱棣晓谕安远侯柳昇的一份文件便说：“神机炮兵之利器攻战所不阙者，必操习精熟，然后临机得用，尔提督不可不严。”可以想象，如果明朝历任皇帝都能如朱棣一样重视枪炮建设，关外的建州人又如何能得逞？

据始纂于1497年的《大明会典》介绍，神机营有五个军的编制，分别为中军、左掖、右掖、左哨、右哨。至于营官提督级别的指挥官人员，都由兵部奏请朝廷，在公、侯、伯、都督、都指挥内挑选，或由内臣兼任。此外还有专门管理枪炮火器的官员，管理内容有单眼铳、手把铳、盏口炮、碗口炮、将军炮、神机箭等。所以，对朱棣在这一领域的独到成就，明朝后期的军火专家温州人赵士桢如此评价："成祖（朱棣）建置神机诸营，专习枪炮……是以武功超迈前王。"

那么，神机营究竟是如何作战的呢？

我们以神机营最小的编组单位"队"为讲述对象。首先要说的是，一队之中，并不是人人都有一支枪。《明英宗睿皇帝实录》的相关记载是："每队五十七人，队长副各一人，旗军五十五人，内旗枪三人，牌五人，长刀十人，药桶四人，神机枪三十三人。"这里的旗军、枪、牌、长刀自然还是冷兵器，战斗时，盾牌手在队列最前方，长刀分列两翼，起到一个掩护的作用。药桶则负责携带火药，正副队长是当官的，只有剩下的三十三人，才是真正的火枪手，分成三排，每排有十一人。实战之际，最后一排人负责装填火药，中间十一人则负责传递火铳，最前方的十一人则负责射击。而射击亦有规则，先一、三、五、七、九、十一开火，继而二、四、六、八、十，这样的规则显然是为了保证敌人视线中火枪射击的连绵不断感，即所谓"如此则枪不绝声，对无坚阵"之轮番射击战术。明军也颇为注重骑兵与火铳、炮兵的兵种搭配战术，有"神机铳居前，马队居后"的配置。日常训练则颇为注重火铳兵的射击演练，如射靶练习，分为九级，儿发全中即为上上。

明初的这支神机营特种部队，在此后的战争中，确实发挥了独特的作用。具体而言是从永乐八年（1410年）起，神机营便开始出现在战场之上。朱棣用兵漠北时，安远伯柳昇“将神机火器为先锋”，大败北元太师阿鲁台。

可喜的是，随着神机营的成功，明朝政府也意识到这种武器的先进性，开始逐步提高各地卫所驻军装备火器的比例——明军火枪装备普遍化。1412年，朱棣下令沿边“自开平（今内蒙古多伦境内）至怀来、宣府（今河北宣化）、万全、兴和山顶，皆置五炮架，有警即发”。后来又下令山西大同、朔州等地驻军，增配神机枪炮。到正统年间，工部又给边防各地增造火铳，其中“辽东（今辽宁大部）五百三十五，延绥等处八百三十，永宁二十，宣府三百二十，宁夏一百，甘肃五百”。到1466年，明宪宗朱见深更采纳定襄伯郭登的建议，在五十五人的步队中，“用神枪手十、弓箭手十、牌刀手各五、药箭强弩手十、司神炮及舁火药者八，杂用者七”。按此文字，当时明军北方边军步队使用各类火器的士兵，已达到了编制总数的三分之一。

面对机动性较强的蒙古骑兵，明朝开始尝试新建固定式炮架，代替过去临时安置的炮架，这应该就是中国古代最早建筑的依城炮台。1423年，居庸关守将袁讷提出，沿居庸关的附近，新建八处烟墩，安置新式炮架，以为架设炮之用。要知道，以往的烟墩，只是在敌人入侵之际燃放报警烽烟，而现在，成了安置炮固定发射架的墩台，一旦有敌人骑兵逼近，便可发炮击敌。景泰年间，神机营前往边关驻扎的记录在史书中出现。武清侯石亨当时前往大同驻防，他请求给神机营增拨神铳五千支、大炮和盏口炮各五百门、信炮一百发，除神枪所用火药外，再领火药五千斤，并允许自造军器。而这些要求，全部获得朝廷的批准。

第三节
鸟铳利器　戚继光从倭寇手里得来?

关于鸟铳，戚继光在《练兵实纪·杂集》中有这样一句话：“此器中国原无传，自倭寇始得之，此与各色火器不同，利能洞甲，射能命中，弓矢弗及也。犹可中金钱眼，不独穿杨而已。”所以一般人据此认为火枪的东传，是先到日本，再传到中国的。

这里头其实有一点曲折。当时抵达日本的南蛮人（葡萄牙人）通过一个叫作汪五峰的明朝人做翻译，最终花两千两白银买下两挺火枪——日本人称之为“铁炮”。日本人马上就开始仿造，但即便是最优秀的日本工匠，也搞不清楚其中究竟是什么构造。直到一年之后，日本才通过日葡联姻的方式，学到了生产所谓“铁炮”的技术。

这种日本“铁炮”，严格来讲是一种前膛装的火绳枪，杀伤距离为二百米，有效杀伤距离五十米。而当时的日本弓箭，最大射程也不过四百米，有效杀伤距离只有四十米。日本人其实早在元朝征日战争中便已经见识过火器的威力，明朝的铜火铳后来也有传入日本，但相比较而言，显然这个火绳枪更厉害。

至此，中国人的角色就显而易见了。明朝的汪五峰是中间人，怎么会不能用火枪？只不过汪五峰的真正身份，是当时中日两国大海之上的海盗头目，换句话说，最早掌握火枪技术的，是中国海盗，而后经海盗之手传给日本人，再经由中日海盗混合而成的倭寇，为抗倭将领戚继光而得。不过，这其实也只是传入途径之一而已。日本人得到第一挺火枪是在1543年，早在二十年前的中国广东，明军便已经与葡萄牙人交火，即广东新会西草湾之战。当时明军缴获了葡萄牙人的若干佛郎机火炮和火绳枪，对这种显然更为先进的火器很感兴趣，并且进行了仿制。

至于戚继光所言的事，可能是指1548年，当时明军攻克今浙江省鄞县东南海中的双屿，缴获了一些鸟铳，更重要的是还逮捕了若干善制鸟铳者，于是明廷下令开始仿制鸟铳。与之前广东的事件相比，显然后面这个事情对明朝军事的影响更大。所以戚继光的话事实上是没错的。

铁炮传入日本的年代正是他们的战国时期，战国名人织田信长就是凭借这件兵器，在长篠之战中打败了武田家曾经名震四方的骑兵。而稍后丰臣秀吉入侵朝鲜，装备铁炮的倭寇，也确实给明朝军队造成了很大威胁——从这里你便能发现，北方的明军确实不够顺应时势，广东明军在1523年以后、浙江明军在1543年以后都先后用上了火枪，而北方名将如李成梁还无动于衷，更糟糕的是1595年使用火枪的戚家军遭遇排挤，三千三百名戚家军将士向朝廷集体讨要欠饷，惨遭杀害，即蓟州兵变。

在此期间，具体而言是在1597年，一个叫朵思麻的西域人出现在北京城，认识了前文提到过的温州人赵士桢。两人聊火枪聊得很投机，于是朵思麻便拿出自己收藏的火绳枪给他看，还详细讲解了制造和使用方法。于是赵士桢给皇帝呈上一份条陈，建议制造这种西域火枪。另外说明一下，朵思麻其实是土耳其人，当时把土耳其叫作噜嘧，所以这种火枪又得名噜嘧铳，通俗地讲是“番鸟铳”。明朝的兵部很认真地探讨了这个事，随即把这种武器交给京营的部队去试用。京营用了之后又来找赵士桢，赵士桢认为京营“制造打放两不如法”，请求允许他自己筹资，并表示“于金坐散而不顾”，意思是把家里的资产花光也在所不惜。最终在朵思麻的协助下，赵士桢终于在1598年研制出了适合明朝国情的火器——迅雷铳。据说其兼具东西所长，集中了西洋铳和明朝旧式火器三眼铳的长处。三眼铳，是当时明军骑兵常用的多管铳，三个铳管平行铸合成“品”字形，点火后可连射，射完之后还可拿铳头当锤来砸敌人。迅雷铳最初可以一次连发五弹，到四年之后的改进版，已经可以连发十八弹，最终改进至三四十弹。

万历三十年（1602年），赵士桢研制的迅雷铳，获准在帝都宣武门外西城下进行试验。刑部尚书萧大亨亲自主持，兵部、工部的有关人员都来参观。试验完成之后，这些官员还写了一份报告，请求将这些新式武器“随发京营，依法成造，责令的当官员加以教演，传示各边，以究其防边制虏之用”，同时也请求皇帝奖励为明朝军火事业做出巨大贡献的赵士桢。

但最后，赵士桢并没有得到很好的任用。他原本是鸿胪寺主簿（从八品），做了十八年，到此时才获得升职，做了武英殿中书舍人（从七品）。但因为献火器这件事，他又得罪了鸿胪寺那些终日无所事事、好嚼舌的人，这些人永远都是最厉害的，过去是，现在也是。随后发生事关明神宗太子废立的“妖书案”，便有很多人说罪魁祸首就是赵士桢，最终这位为明朝火器事业做出巨大贡献的温州人，郁郁而终。唯一同情赵士桢的人，就是后来的英国学者李约瑟，他在《中国科学技术史》中给了赵士桢高度的评价。

◎《神器谱》中描绘的迅雷铳

上图便是赵士桢发明的迅雷铳——一种多管火绳枪，每发一枪后转动七十二度发射另一管，五管均射毕后，铳身前端可发射火球焚烧敌兵。铳管上还配有一面圆盾牌，士兵手中还有一把斧子，射击时用来支撑铳身，若有敌军接近则拿来防身。然而，这项超越时代的发明，最终很可能根本就没有投入使用，一方面有因人废事的因素；另一方面也可能是迅雷铳的一些缺陷，譬如结构复杂、操作费时，五个铳管射毕后重新装填比较麻烦，确实在战场实践中面临不小的问题，总之最终被弃之不用，并未出现进一步的升级换代。

相对而言，比较受欢迎的还是噜嘧铳。天启年间的《武备志》认为，在所有的鸟铳之中，噜嘧鸟铳最远最毒。而崇祯年间的《兵录》又出现一种加强版，叫作子母鸟铳，已经配有插管式的铳刀，即后世的刺刀。宋应星的《天工开物》说："凡锤鸟铳，先以铁梃一条大如箸者为冷骨，裹红铁锤成。先为三接，接口炽红，竭力撞合。合后以四棱钢锥如箸大者，透转其中，使极光净，则发药无阻滞。"这种鸟铳制作工艺后来沿用数百年，一直到晚清洋务运动才画上句号。

在嘉靖到万历年间，明军基本实现了从火铳到鸟铳的过渡。与前者相比，火绳作为火源，扣动扳机点火，火源不易熄灭；鸟铳铳管前端安有准心，后部装有照门，瞄准能力大大提高。还有体贴的弯形铳托设计，发射者可将脸部一侧贴近铳托瞄准射击。而铳管的细长化，也使火药在膛内得以充分燃烧，产生更大推力，所以弹丸出膛后速度更快、射程更远。

《大明会典》说，第一批鸟铳，数量为一万支，嘉靖三十七年（1558年）兵仗局出品，装备明军使用。随后，这种新式火器便成为明军装备的主要单兵射击武器。1571年刊行的《练兵实纪》说当时戚家军步兵营有两千六百九十九人，装备鸟铳的数量便达到了一千零八十支——差不多两三个人便拥有一支鸟铳。

那么，鸟铳装备率如此高的明军，为什么还是没能打败后金？这可能与鸟铳填装程度的复杂有关。郁闷而死的赵士桢说，当时用一支鸟铳开火，需要做以下动作：首先是倒药，即将火药从药罐中倒入药管中，每管药发射一发弹；其次是装药，将火药从铳口倒入铳膛；第三步是压火，用随枪的仗装膛内火药压实压紧；第四步才是装弹——单这一步就很麻烦，需取出弹丸装入铳膛，然后用仗将弹丸压入火药中，装门药将发药罐中的火药倒入药室的火门内，把药室填满，使之与铳膛内的火药相连，而后将火门盖盖上，以防潮湿；第五步装火绳，即将火绳装入扳机的龙头式夹钳内，准备点火；第六步才是接到发射指令，打开火门盖，点燃火绳，以蹲跪姿或立姿瞄准扣动扳机发射。

单是复杂还不算，点燃火绳时士兵还要保留火种，燃着的火绳不能维持较长时间，更致命的则是一旦刮风下雨，鸟铳就难发挥作用。明军与后金的萨尔浒之战，八旗兵攻来之际，其实明朝的火器已经做好了准备。当后金军进至山下时，即刻下令开炮轰击。万万没想到的是，忽然天降大雾，雾气弥漫山谷，咫尺之外都看不清是敌是友，明军点燃松枝当火炬，照亮了自己，反而给了后金射手大好机会，因为射箭不需要那么多程序，而且有了火光，更是箭无虚发的大好机会。明军这边，一方面敌情不明，一方面黑色火药潮湿，雨雪中使用不便，当时雨后初晴，火药都未能烤干，火枪兵如何能发挥作用？后金国其实也为克制明军的鸟铳做了些准备，他们打造了极为厚重的盔甲，在作战时让前排的士兵穿戴，号称“死兵”，据说是：“此等好甲鸟枪亦不能透。”姑且信之，反正这一仗是他们赢了。

这里再重点说一下明朝中后期一种北方地区使用最为普遍的火器——三眼铳。这种兵器，顾名思义就是将三根竹节状单铳联装，每个铳管外侧都有个小孔，称为三眼。士兵在使用这种武器之际，需先在铳管内添加火药，再装填钢球或铸铁块、碎铁砂等，而后在小孔处添加火绳。发射时先点燃火绳，引爆装填火药将弹丸发射出去。我们今天在网上看到很多的三眼铳，都是无柄的，但是完整的三眼铳，尾部留有柄座——用于安装握持用的木杆，如下图。

◎《神器谱》上的三眼铳

三眼铳最大的特征，就是三个铳管可轮番射击，但装填速度着实太慢，动作实在复杂，更要命的是射程还很近。尽管如此，三眼铳还是得到了明朝中后期北方将士的喜爱，甚至被运用到了朝鲜战场之上，给倭寇留下了十分深刻的印象。

日本人觉得三眼铳的近距离威力十分惊人，吉川英治奖获得者津本阳的历史小说《德川家康》中，参加碧蹄馆战役的武士如此描述明军使用的三眼铳："共有三个枪口，三个枪筒相连。可自由选择发射一次或三次。"但是三眼铳的命中率比较低，所以一般发弹要到距敌八十步之内，而实际上更多是在三四十步内发射，且不是如某些人想象的那样在马上发射（就如同美国西部的牛仔），而是下马结阵发射。明人说火器是敌人最忌讳的武器，往往枪炮一响便会遁避，静候片刻再出来，那么明军怎么办？先在附近连放三五个爆竹！当然，对付火枪手，敌人也可以发挥冲击优势，所以明军还得连续开火才能压制住对手，为此便是三叠战术编队，即递药、装药、开枪，各为一组。

实际上日本人也是有火枪的，他们的火枪便是鸟铳，射程远到八十步之外，能击破二层湿毡被子，在五十步之外能击破三至四层湿毡被子。明军的对策无非就是在鸟铳射程之外，譬如敌营四百步之外施放大将军炮，如果倭寇还以鸟铳，那么等他们射完弹丸，明军就可以大咧咧地往前冲锋了。另外，北方最精锐的明军和辽军，对火器的认识其实是不够的。《明神宗实录》中说，"李如松征倭，见辽兵归阵止携弓箭、短刀，未谙火器之用"。

就连上面所讲的三眼铳，都很少用。明军当时的火力支持，特别是枪支类，主要还是来自浙江兵。

真正大规模推广三眼铳，是在和女真人的战事中。《明神宗实录》万历四十六年（1618年）六月记载："兵、工二部议：以库贮盔甲并铜铁大小佛郎机、大将军、虎蹲炮、三眼枪、鸟铳、火箭等项，委官挑选演试，解赴辽左。"这一年，努尔哈赤打出"七大恨"的旗号，开始与明朝廷作战。

此后一直至崇祯朝，三眼铳在东北战场上的运用越来越大，《崇祯长编》说，当时的大同巡抚张宗衡，仅在崇祯二年（1629年），就先后督造完成六千支三眼铳。1630年，辽东各镇已经普遍装备三眼铳，而明万历末年编修的《开原图说》记载的相关材料说："古人制造各样火器俱足御虏，然营中所便奇巧莫过鸟机，不过以之歼渠魁之用而已。其催锋陷阵凶狠无过灭虏炮，简便无过三眼枪。"玄妙就在这里，作者显然是北方人，他也承认，"奇巧莫过鸟机"，也就是说鸟铳是公认的最先进火器。可是为什么北方军队不喜欢用鸟铳，而对三眼铳情有独钟呢？关键就是这句话："简便无过三眼枪。"随后他又解释说，在实际作战中，士兵根本不会认真看准星打，顶多就看打得快不快、齐不齐，后面装替的人是不是手脚麻利，做到"装不误打，打不误装，更番熟习如雨不绝"，即"斯为得法"了。如果这本书说的是实话，那么北方人后来采用清一色三眼铳而非鸟铳，唯一的原因就是一个：士兵训练不够，所以精度更高的鸟铳发挥不出作用。既然如此，反正一样打不准，还不如用操作简便的三眼铳。

1606年，曾经到山东济宁做游击将军的苏州人何汝宾，写了一部《兵录》，进一步诠释了为什么北方人不愿意用鸟铳而愿意用三眼铳，他的理由是：北方天冷风又猛，而鸟铳火门一开，药信很容易就被大风吹去。一旦敌人骑兵如风而至，鸟铳又不能当作钝器来打。可是三眼铳就不一样了，“一炮三放，其声不绝，未有不中者”。就算打不中，敌人逼近了就用三眼铳当闷棍来使，所以他认为：“故在北方鸟铳不如三眼铳也。”

山东人戚继光认为北方士兵不愿意用鸟铳的真正原因很简单，就是一个“懒”字，觉得鸟铳操作起来太烦琐，所以坚决不肯用，非要说三眼铳比鸟铳好。当时戚继光曾让他们各持两种武器到靶场打靶，使用鸟铳的命中率是使用其他武器的十倍，可是即便数据摆在面前，他们“犹自不服”。如果训练不够，就算再先进的武器到了你手里也是白搭。他们可以临战之际向天乱开枪，或是“手向前放铳而头已回顾走路”，甚至是把子弹衔在嘴里，打仗一慌，一顺气就把子弹咽下肚了。如此之类花样种种，到最后打十枪，实际出弹不过六七发，命中者，更仅有两三发。这样的火枪队不打败仗，岂不是奇怪？

戚继光又说，不单是使用技术上的差异，北方的工匠也不肯踏踏实实地制作火器，就连京师工匠的制作技艺也粗恶不堪。关于这一点，嘉靖年间兵部郎中唐顺之有类似观点：京师造的数百管火器，“其炼铸既苦恶，而又无能用之者，是以遂为虚器”，花大钱造了却不能用，只能当作虚器看看。

南方的浙江省有一个确实的优势——因为长期抵御倭寇，浙军士兵更擅长用鸟铳。另外，浙江工匠制作的鸟铳，至少在中国境内最为精良。嘉靖、万历间有个官员叫张瀚，宦游南北各地四十余载。他对南北方工匠技术的评价是“今天下财货聚于京师而半产于东南，故百工技艺之人，亦多出于东南。江右为夥，浙、直次之”。倭寇侵扰的现实使得当时作为中国通海外的桥头堡江浙地区，必然成为全国最早获取并仿造、使用鸟铳的地方。朝鲜的《李朝实录》说：“路上见南兵来到，皆是步军，所持器械，皆敏捷，多带倭铳筒，火炮诸具。其人皆轻锐，所著巾履，与辽东北京之人不同。”朝鲜人笔下的倭铳筒就是鸟铳，而北军更喜欢的三眼铳，在戚家军这里是当号炮报警用的。

第四节
战车复活　明朝防御游牧民族的新法宝

事实上，很多中国军事迷难以接受的是：明朝灭亡之后，东方火枪兵的真正继承者并不在本土，而在朝鲜李氏王朝。原因在于倭寇入侵之际，朝鲜人对日本人所使用的火绳枪印象极为深刻，所以后来便连买带学，终于打造出一支很不错的火铳手部队，在清兵征服朝鲜的战争中，虽然火铳手未能阻挡八旗铁骑的屠戮，但还是给爱新觉罗家族留下了深刻的印象。这一点，《清太宗实录》里皇太极的话可以作为验证："朝鲜之兵，虽无马上之能，然不违法度。长于步战鸟枪，以之攻取城池，大为有用。"

那么为什么朝鲜人善于打枪，还是输给了八旗呢？朝鲜人后来自己做了检讨，《建州闻见录》中说："鸟铳极是远技，而藏（装填）放甚迟，若非凭城据险，则难以措手。平原易地，决非与铁骑角胜之器……上年我军专恃炮手，当其冲突，未及再藏，而贼骑已入阵中矣。"换言之，就是子弹装填速度太慢，打完一枪再装弹之际，敌人骑兵已经冲到了你面前。

所以到俄罗斯入侵雅克萨之际，清廷便从朝鲜征派部队，而且特别点名，要他们的火铳手。最后朝鲜选派了一百名善使鸟铳者，“由会宁三月初十日至宁古塔，听昂邦章京沙尔虎达率领往征罗禅（俄罗斯）”。这个时候鸟铳已经是落后于世界的武器了。黑龙江的战事结束后，朝鲜人注意到清军缴获了“不下三四百柄”俄军枪支，颇与鸟铳不同。于是朝鲜人就向清军讨要到了一支，研究之后说：“贼炮与我国炮制不同，不用火绳，内边插火铁，外边放下铁插，火石放下，则石铁相薄而出火，系是殊异。”这就是18世纪初成为法、俄等欧陆国家制式兵器的燧发枪。

燧发枪的优势不言而喻，它大大简化了射击过程，提高了发火率和射击精度，使用方便，而且成本较低，便于大量生产。17世纪中叶，很多欧洲军队开始装备燧发枪，且一直用到1848年，才结束装备。所以将燧发枪称为那个时代的主打款，并不为过。但是很遗憾的是，康熙皇帝对这种新式武器不屑一顾——或许他根本就不知道这是个什么。

更为遗憾的是，其实在明朝就已经有人试制出了比较原始但是已经具备燧发枪基本特点的武器。核心就是将我国使用了两百多年的火绳点火法，改进为燧石发火，发明了自生火铳，火绳枪一遇风雨就无计可施的缺点被克服了。这个人就是毕懋康。他发明的新火枪在扣扳机时龙头下压，因弹簧的作用与火石磨擦发火。这样不但克服了风雨对射击造成的困难，且不须用手按龙头，使瞄准较为准确，随时都可发射。

可惜的是，会在这种事情上动脑子的人，往往都在官场上吃不开。毕懋康后遭宦官排挤、御史弹劾，遂被削籍，直到天启年间才复出做了右佥都御史。他写的《军器图说》说："夷虏所最畏于中国者，火器也。"翻译成现代文就是说外国人都怕中国，因为中国人有火器而他们没有。这话现在看来真是一种莫大的讽刺，如果他能活到1840年以后，大概会觉得自己在说梦话吧。这本书在乾隆年间被禁，直到道光年间才得以再版。

再说后金应付鸟铳的另一个办法——楯车，据说是用牛皮、铁皮覆盖木板制成的，不但砖木擂石不能毁，明军大量装备的鸟铳也不能将它打透。《满文老档》说八旗军每五百人就要配备两部楯车，每部楯车专门配兵十名操作。1631年的大凌河之战，明军张春部组成以战车为核心的防御阵地，八旗军让重甲骑兵身披用水打湿的棉被冲击明军，没有成功，最后便派出了楯车，在楯车的掩护下与明军近距离用火器对射，依靠精锐的重装步兵突入将明军击败。

这里涉及明朝中晚期的另一项特色武器——战车。战车，自先秦时代逐渐为步兵所取代之后，至明已有千年光阴再无此名。那么为什么到了明朝中后期，反而会突然复活？最初的动议，其实出现在正统年间，当时的大同总兵官朱冕提出，蒙古骑兵不断进犯，边军疲于本命，他建议采用战车，"行则载衣粮，止则结营阵”，也就是说，明军可以以战车为单位，组成一个相对于步兵更机动灵活的移动阵型。之后的一段时间里，明朝文武便围绕这个话题，各抒己见地讨论了很久。但空话说一千遍都不如实干，所以朱冕成了第一个吃螃蟹的人。正统十二年（1447年），他以大同总兵官的身份，造了三百八十六辆战车。随后，明朝开始陆陆续续造大小战车，大的需要七匹马来拉，小的一匹马甚至一个人就可以拉动。

朱冕之后，景泰年间镇守大同的郭登也主张造战车。不过他的方案更为具体，他所指的车是一种偏厢车，即只用向外面一厢，配备枪炮弓牌，一车有十名士兵，无事轮流推车，有事则齐力防卫。车与车用铜钩相连，如敌人来攻，有机可乘，则开壁出战；形势不利，则坚壁固守。这种战车后来在东北战场使用之际又做了一些改进：每两辆中设一架拒马枪，车架上下裹上棉絮布帐来防避矢石，车上武器则有两挺佛朗机，六杆快枪，还有一种可以发射爆炸弹的雷飞炮。

明朝晚期的孙承宗，督师辽东四年，迫使努尔哈赤把都城从辽阳向北迁徙到沈阳，他也主张战车为营的打法，为此写了一本《车营扣答合编》，通过问、答、说、图等对车营编组方法、营阵布列、行军作战、后勤保障等问题做了详细的分析和解说。核心内容是主张以车营为体，如何发挥火器的作用与各兵种的协同动作等。

此外，弘治年间有人设计出一种独轮战车，称为全胜车。在车上放铳者二人，在下推车放铳者四人。与敌人相遇，先用五到十辆车冲击敌阵。前有阻塞，首车向前放铳；后有追袭，尾车向后放铳；冲入敌阵，两厢放铳，使敌马惊扰，自相蹂践，从而取胜。但似乎这种车没有经历真正的战场考验，所以也就难说有无可行性。

因抗击倭寇而名扬四海、后来被派驻扎北边的名将戚继光和俞大猷，也曾致力于战车兵的组建。谭纶曾言：“能尽车战之法，实惟俞大猷一人，即臣与戚继光皆自以为不及。”所以这里就讲一讲俞大猷。万历初年，他曾被调京营专管训练车营。随后他便在北京设计出了一整套战车营的体制，如一车用兵二十人，有队长、车长、车副、舵工、推车兵各种角色，同时管放佛郎机。战车则要求“大而不重，轻而不虚，进退纵横不滞，涉险渡水无所往而不宜，缓行日六十里，急行日百里皆可致”。俞大猷还曾将战车图样送给戚继光，戚继光的偏厢战车，车车相连，形成车城，或许有他的创意在其中。

这两位大将的车营，都不是单独的战车战队，讲究的是骑兵、火器与战车的配合，使防守、进击、追逐均较有力。俞大猷曾云：“车必藉火器以败贼，火器必藉车以拒马，二器之用实相须也。”戚继光更强调火器：“（战车）全在火器上，火器若废，车何能御？”所以戚继光的重车营，每车装备两架重型佛郎机，全营佛郎机二百五十六架；每车配备一杆鸟铳，全营有鸟铳五百一十二杆；火箭手每人配火箭六十支，全营共火箭一万五千三百六十支。一车近八成的人使用火器。作战时，火器甚至可以做到打放不停。

明朝中期针对铁甲骑兵的威胁，还专门设计了半封闭制式的战车。该战车外覆装甲，可防骑兵马刀劈砍，同时针对骑兵快速机动的特点对构造进行了改进，将火炮和战车的优势集于一身，同时也弥补了战车防御力薄弱的不足。可惜的是，俞大猷和戚继光之后，再无如他们这般组合作战意识强烈的指挥官，以致于最终，车战还是未能在抗清战争中发挥出更好的作用。

第五节
倭刀入明　从海盗的杀人刀到戚家刀

这一段叙事的开头，需要回溯到火药枪传入日本的那个故事：在那场欧洲人与日本人的贸易之中，有个担当中间人的明朝人五峰。五峰的真实姓名是王直，他的家乡，是当时属于徽州歙县的一个叫作柘林的村子，《明史》如此描述这个人："少落魄，有任侠气，及壮多智略，善施与，以故人宗信之。"所以他也是个人物。

明朝的海禁政策，最早始于朱元璋的洪武年间，即所谓禁海令："禁濒海民不得私出海。"背后原因，可能和当年被他击败之后流亡海上的方国珍有关。明代人写的《四夷考》说："初方国珍据温台处，张士诚据宁绍杭嘉苏松通泰，诸郡皆在海上。方、张既降灭，诸贼强豪者悉航海纠岛倭入寇。以故洪武中倭掠海上。"由此看来，最初的海禁政策是针对这些方国珍、张士诚余党的，最后却慢慢扩大到禁断所有对外贸易。1374年，自唐朝起就存在的对外贸易三大口岸，即泉州、明州（宁波）、广州，全部被列入这份名单。从这个时候起，民间的海外贸易往来，便被禁断了。教科书上褒扬的“郑和下西洋”，只能说是一种官方行为，而出行的目的，是扬威，而不是贸易。

说回到王直，徽州土地贫瘠，民间甚至有这样一句话：“前世不修，生在徽州，十三四岁，往外一丢。”被丢出去的只有做生意一条路可走。王直离开徽州，最初去的地方是广东。可是没多久，他便出现在了日本的福江岛。当时控制这些岛屿的是日本的宇久家，他们热烈地欢迎王直到来，理由是王直为他们带来了硝黄、丝棉这些对日本而言颇为珍贵的货物，甚至王直因为看到海面上五个山峰，给自己起了一个“五峰”的字号，日本人居然也觉得很好，因此把福江等五个岛改名为五岛。随即，宇久家的当主宇久盛定又把王直推荐给平户岛大名（诸侯）松浦隆信。松浦隆信不但隆重接待了王直，还为他修建了住宅，让他在此长久居住。于是王直便把松浦津当作自己的海上贸易基地。

后来王直认识了同为徽州老乡的许栋四兄弟以及福建人李光头，这些人在宁波外海的双屿港做走私生意，已经把那里营建成为当时整个东亚地域最庞大的走私贸易港。王直便加入了许栋集团，成为双屿贸易的出色中间人，不仅是中日贸易，还和打欧洲来的佛朗机夷（以葡萄牙人为主，包括西班牙人、荷兰人）打交道。

在16世纪，双屿港曾经繁荣一时，甚至被日本学者藤田丰八称为“十六世纪之上海”。但是这所有的繁荣，全部建立在官方所不容许的走私贸易基础之上。因此在1548年，提督浙、闽海防军务朱纨便采取断然措施，派一支军队攻入双屿，活捉了王直的老板许栋，第二年又抓捕了李光头等人，并将这些人全部处死。

按照常理，朱纨抓了海盗，应该得到浙江、福建人的拥戴，然而事实恰恰相反。很多浙江人、福建人都是靠海吃饭的，连《明史》都说："闽人资衣食于海，骤失重利，虽士大夫家亦不便也，欲沮坏之。"最终，一批福建的官员联合起来，弹劾朱纨擅自杀戮，朱纨大怒，心想我严打走私还有罪不成？于是愤然喝药自杀。等到皇帝派人前来抓捕他之际，人已经死了。

正是在这样的情况下，和浙江官方相处得不错的王直，居然在舟山群岛又找到了第二个双屿——沥港镇（今舟山市定海区金塘镇）。据说得到了浙江海道副使的默许，王直在此又建立起新的海上贸易重镇。当时王直的人，甚至可以跑到苏州、杭州，光明正大地和当地人做生意，江浙沿海一带的很多人，也愿意把子女送到王直这边讨生活。

王直几乎就成了一个红顶商人，他还曾经受海道副使李文进邀请，打败了一股海盗，甚至获准在定海主持开市。但是到1553年，老问题来了：一方面，王直无法完全控制以徐海为例的海上势力；另一方面，明朝本身也不相信这些和海外有关系的家伙。于是俞大猷受命攻打沥港镇，又一个贸易大港被摧毁，王直只能流亡日本。最终出现了钱塘人田汝成笔下的那种状况："（王直）据萨摩洲之松津浦，僭号曰宋，自称曰徽王，部署官属，咸有名号。控制要害，而三十六岛之夷皆其指使。”当然这里有误，松津浦在平户岛，并不在萨摩。

王直自称为徽王的事若是真的，就意味着他已经完全放弃了让明朝官员开放口岸允许自由贸易这件事，可是1554年，胡宗宪又到浙江来了。他一面把王直此前被抓的老妈、老婆都释放，一面派人去日本找到王直，表示可以谈通商互市的事。三年之后的1557年，经过王直的斡旋，日本的大内义长、大友宗麟等几个大名，都同意归还被掠人口，还要准备方物进贡。

王直终于回到国内，结果一到舟山，就被团团包围，胡宗宪跟他说没事，只是手续而已，王直表示信任，这就投降，胡宗宪也真的没对他怎么样，所以王直悠然自得到杭州西湖游玩。这时，等候多时的浙江巡抚王本固终于出手，将王直逮捕归案。王直喊冤，到了监狱里还写了一份《自明疏》，说自己就是一个卖货的，“与人同利，为国捍边，绝无勾引党贼侵扰事”，他还向皇帝恳求：“如皇上仁慈恩宥，赦臣之罪，得效犬马微劳驰驱，浙江定海外长涂等港，仍如广中事例，通关纳税，又使不失贡期。”换言之，重新开放通商口岸，设关收税，倭寇这种事就再也不会发生；如果还有人执迷不悟继续做海盗，他愿意“效犬马微劳驰驱”，帮朝廷驱除这些人。

然而这个时候，明军已经和留在舟山的王直船队交火，最终船队冲出重围，成为日后几年进扰福建的倭寇。王直本人，则在杭州府官巷口和自己的儿子抱持而泣，最终被杀。王直死前还留下一句话："死吾一人，恐苦两浙百姓！"王直的死在1559年，此后沿海延续苦战七年，一直到1565年，方告荡平。此后，在福建巡抚涂泽民的建议下，明朝终于取消了海禁，允许百姓与东洋、西洋做生意，从此开始了白银源源不断入中华的岁月。

王直死前一年——1558年，戚继光在浙江负责宁（波）、绍（兴）、台（州）一带的海岸安全。与倭寇的战斗中，明军的表现并不好，尤其是短兵相接之际，甚至会产生畏敌情绪，乃至临阵脱逃。纸上谈兵的文人，多半会指责这些士兵怕死、无能，但戚继光是一个很实在的人，他认为，怕死是人的本能，这个不是问题，问题出在明军的最主要兵器——刀上。

明军的刀，此时主要是继承前代的武器样式，即腰刀和长刀，长度不及倭刀，质量也不如倭刀，士兵作战素质也不如倭人，如何能获胜呢？被誉为文武"通才"的明代浙江人何良臣毫不客气地指出："军中诸技，惟刀剑法少传。若能滚入，使长短兵不及遮拦，便为熟矣。如日本刀不过三两下，往往人不能御，则用刀之巧可知。"

这里讲的日本刀，别的且不说，首先刀型属于双手刀。我们这些对刀略知一二的人，也知道单手刀剑与双手刀剑之间的差距是很大的。司马毕竟也是个文弱书生，更喜欢双手持刀，因为这样一来，就能在劈砍中发挥腰背的力量，如果只是手臂的力量，实在太弱了。嘉靖四十年（1561年），戚继光曾缴获一部来自日本的《隐流目录》，据说他就是凭借这本刀谱，慢慢研究透了倭寇用刀的秘密，将倭刀的用法与中国刀法结合起来，创造出了一套“辛酉刀法”——戚家刀法。

与倭寇同时引起明朝注意的是他们手中的利器——倭刀。明史上最早的一把倭刀是明初足利义满向皇帝进贡的贡品，《善邻国宝记》说其中有“刀一柄”。而到了永乐期间，日本使团来华之际，按照原有规定，是不允许私自把兵器带入中国甚至卖给中国老百姓的。当时的礼部声明：“番使入中国，不得私携兵器鬻民。宜敕所司核其舶，诸犯禁者悉籍送京师。”但是成祖皇帝朱棣却乐意网开一面，虽然明面上，“诏日本十年一贡，人止二百，船止二艘，不得携军器，违者以寇论”，实际情况却是双方都没太较真，《中日交流两千年》的作者藤家利之助的统计数据是：明永乐二年（1404年）至永乐八年（1410年）间，日本入贡达六次，每次均为三十八条船，显然远远超过规定的数目。一直到宣德八年（1433年），朝廷才发声音，说日本“入贡人船逾数，刀剑过多，特谕来使，令后贡船不过三只，使人毋过三百，刀剑毋过三千，不许违禁”。于是明宣德八年至嘉靖二十六年（1547年）勘合贸易终止，日本入贡十一次，每次三到九条船不等。

虽受如此限制，日本人还是给明朝带来了不少刀剑，单是宣德九年（1434年），就献上“撒金鞘大刀二把，黑漆鞘柄大刀一百把，长刀一百柄”。日本学者木宫泰彦所著的《日中文化交流史》，对此进行了统计，结果发现最初两次带到明朝卖给老百姓的刀剑，只有三千把。但第三次这个数目就将近一万把，第四次三万把，第六次居然多达三万七千把，而且还是官方的“国王附载物”——送给皇帝宝刀的同时，顺带便给中国的臣民也带一些。非官方的更不在此数。

因为日本人拼命把刀拿到中国来卖，刀价自然变得便宜了，官方文字对此的说法是：“日本国所贡刀剑之属，例以钱绢酬其直，自来皆酌时宜以增损其数。况近时钱钞价直，贵贱相远。今会议所偿之银，以两计之，已至三万八千有余，不为不多矣。而使臣清启犹援例争论不已，是则虽倾府库之贮，亦难满其溪壑之欲矣。宜裁节以抑其贪。”大意是说日本的贡品虽然叫作贡品，其实是商品，我们之前已经花了三万八千两白银，花得太多了，所以以后要便宜些。

根据木宫泰彦这边的数据，日本刀最高售价曾达到每把一万文，可是后来便出现了五千文、三千文的价格，甚至跌破两千文，只有一千八百文。但是日本国内，一把刀只卖八百文到一千文，所以大多数情况之下，他们依旧有利可图，且其利不小——明朝的一千文就等于一两银子，如果一定要换算成现在的人民币，差不多就是六七百块钱。老实说花这点钱买一把好刀，对于当时明朝的豪强地主们而言，真的不算事，但普通人家一年收入也不过几十两银子。武侠片里的那些刀客，如果能拥有一把日本刀，说明他们至少是个中产阶级。

到了明朝成化年间，日本的勘合船贸易已经完全交给堺市商人承包。一般情况之下，每船给幕府交四千贯铜钱，剩下的全归自己所有，自然提高了积极性。当时日本刀的产地有筑后、肥后、萨摩、堺市，都是日本的贸易港所在地。既然能赚钱，为什么只给日本人赚？所以大量中国商人干起了这个生意，《涌幢小品》有云："自（万历）三十六年至长崎岛，明商不上二十人，今不及十年，且二三千人矣。合诸岛计之，约有二三万人。"明朝限制日本船只数量，日本的德川幕府后来也玩起了锁国游戏，但是给明朝人开了个口子，允许他们进入长崎，所以日本刀依旧可以卖到中国。素有"广东徐霞客"之称的明末清初著名学者屈大均就在《广东新语》中说："粤多番刀，有曰日本刀者。"

有些人买不到日本刀，就进行了仿制。第一个干这个事的是明朝的军器局，他们仿制了日本一种狭长而有长柄的大刀，并起名为"倭衮刀"。后来皇城之内的兵仗局也干这个事，正德皇帝就曾令兵仗局制作这种刀："倭腰刀万二千，长柄倭衮刀二千。""神锐箭、盔甲、倭刀、铁矢数万。"直到南明，史可法还向南京的兵仗局请求，"发旧倭刀三五千把，为马上精兵之用"。

但是仿制的还是不如正品，连《天工开物》都说："倭国刀，背阔不及二分许，架于手指之上，不复倒，不知用何锤法，中国未得其传。"古代中国官方机构，历经千年不变的偷工减料、上下其手、贪污受贿等种种常见之勾当，导致连戚继光都不敢用他们造的武器。他在北上蓟镇后向朝廷申请战车、鸟铳、藤牌、长刀等器械，特别提出："其制造不必仰给工部，惟分行各省。广东出藤牌则造牌，福建出刀则造刀，浙江精鸟铳则造鸟铳。"这意思很简单：他信不过工部那帮人，还不如找地方军火制造商来得靠谱。

戚继光信不过的，不只是工部的刀，还有传统意义上的那些中国刀客。这是鲜血浇灌出来的历史教训，那种把武器挥舞如飞、看起来很好看的套路现在也很流行，但在实战中一点用都没有。所以一开始各地的武林人士还摩拳擦掌要去打倭寇，后来统统被打得屁滚尿流。以戚继光为代表的明军将领，终于意识到花拳绣腿和实战技术的天差地别。

首先得学敌所长，戚继光便苦读缴获的倭刀谱残本——有人说此残本是日本剑道流派阴流，即爱洲移香斋的剑术，战国名人如上泉信纲、柳生石舟斋都是这一派的传人。之后戚继光写下了改进的刀法“见习法十五势”，如今我们在《纪效新书》中还能看到图形，不过没有文字解释。

实际上倭刀也分很多类型，譬如带着弧度弯曲着的刀形，骑兵用的叫作太刀（刀刃向下），步兵用的则为打刀（刀刃向上），打刀或太刀损毁了，则用胁差（刃长五六十厘米的备用刀）。只是明朝人哪里能了解这么详细，一概称之为倭刀。随后，倭刀便进入了戚家军的装备目录。《四镇三关志》说戚继光后来到蓟镇：“自增南兵戍守，遂增置倭刀、狼筅、镗钯、藤牌。”在很多地方，戚继光不说倭刀，而说长刀。为什么长刀比别的刀好？理由是：“兵家之事，短不接长，必须每事长他一分……使他件件不及我，般般短于我。”

戚家刀的锻造遵循的是戚继光“铁要多炼、刃用纯钢”的要求，用百炼钢做刀身，纯钢做刀刃，做到整体刚柔并济。这种刀虽借鉴了倭刀的弧度样式，但与日本锻造刀（使用软铁做刀芯，外包刃钢）的做法并不同。日本做法锻造程序太复杂，虽然成品好一些，但成本更高，戚继光无法大规模提供给士兵使用，所以只能走价廉物美的平民路线。

鸟铳手——戚家军中最值钱的兵种，却在近身作战时难以自卫，于是戚继光想到了倭刀（长刀）：“倭刀，共二人一排，舞路既多、疾速为上等。”日常练习也学习日本人的做法——拿木刀来对砍，练习步法与速度——“举落疾速，不使人乘得犯为上等”，而不是没用的套路花架子。

在《请兵破虏疏》中，戚继光列举了自己军队使用的武器：“若臣所利用者，首则战车、鸟铳、百子铳；次则火箭、珠筒；次则藤牌、长刀，各负铁背；次则闷棍，各带铁胸。”从这里可以看到，速射武器第一，长刀、藤牌，则是近战的标配。他还说一个士兵“必授以远器，御敌于百步之外；必授以近器，为角于手足所接”，“鸟铳手以铳为长，但铳、药子、绳等，重二十余斤矣，别难给器，各授双手刀为短，或贼近身则弃铳而用刀”。戚继光到北方之后，面对的主要是蒙古骑兵，骑兵的冲击，往往令士兵临阵紧张，所以第一要务就是要斩马，先砍马腿，再砍马头。长刀的优点就是长，用来减轻步兵对骑兵天生的恐惧心理，再好不过。

第六节
鸳鸯阵法　长枪狼筅加盾牌的攻防思维

说到底，光有刀却没有能用刀的人，还是不顶用的。民间流传着“宁可遇倭贼，毋遇官军；遇倭可逃，遇兵难逃”的顺口溜，这样的兵怎么打仗？嘉靖三十七年（1558年），戚家军还没有成形之际，胡宗宪把一个义乌人冯子明介绍给戚继光认识。冯子明提到他的老家有一批农民战斗力很强，为了保护义乌的银矿，曾经把附近处州过来抢矿藏的人打得屁滚尿流。这话一说，戚继光就动心了，第二年便前往义乌县，原计划招募三千人，最后实招四千人，带到绍兴进行训练，讲军纪、讲如何使用兵器，随后以一本通俗易懂、图文并茂的《纪效新书》作为教材，要求人人熟记，可能同时也进行了简单的文字教育。

然后，便出现了所谓“鸳鸯阵法”。十一人为一个小队，队长之外，二人执盾牌，这盾牌又有两种，一种是长盾牌，用于遮挡倭寇的箭矢、长枪；一种为比较轻便的藤盾，藤牌手还带有标枪或腰刀，守之有余还可与敌近战。盾牌兵之后为狼筅手，所谓狼筅，就是选取南方的毛竹老而坚实者，将竹端斜削成尖状，留四周尖锐的枝丫，狼筅前端装有利刃，狼筅手就用这件兵器掩护盾牌手的推进和后面长枪手的进击——主要作用在于扰乱倭寇视线，真的杀伤力是不大的。然后是长枪手、镗钯手，分别照应左右两边。

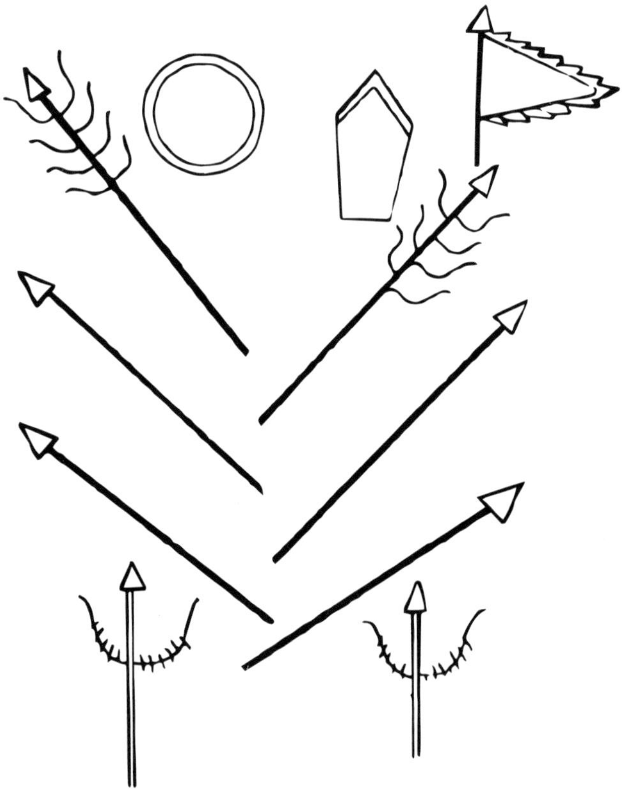

◎《纪效新书》上展现的鸳鸯阵法图

事实上，任何武器都不是万能的。全长十二尺的长枪，当然是有效的攻击武器，可是你必须和敌人保持相当的距离，不然一枪刺不中，反让敌人进入枪杆的距离之内，你就没机会了。而不同武器的阵型在这个时候会起到保护作用。具体作战之际，这个阵法还有更多的讲究。譬如持圆形藤牌的士兵，进攻之际要匍匐前进，并在牌后掷出标枪，引诱敌兵离开有利的防御的位置。引诱如果成功，后面的两个士兵则以狼筅把敌人扫倒于地，然后让手持长枪的伙伴一跃而上把敌人刺死戳伤。

阵型也不是一成不变的，根据具体敌情和地形，要做灵活变化。譬如把两个镋钯手照旧配置在后面，前面八个士兵排成横列，长枪手则分列于藤牌手与狼筅手之间。还可以将全队一分为二，成为两个横队和敌人拼杀。如果需要，甚至可以分成三个小阵，即“三才阵”——狼筅手、长枪手和短兵手居中，盾牌手在左右两侧护卫。

在这种打法中，戚继光其实把很多老东西都用到了极致。就拿盾牌来讲，这几乎是商周就有的战具，而且发展到明朝也没什么太大变化，可是戚继光却在战术上用出了新感觉。他在招募、选拔兵士时，必用“少壮便捷”的壮丁充当藤牌手，“健大雄伟”的当长牌手。步战时，队伍前方“二牌并列，狼筅各跟一牌，以防拿牌人后身”。伍长手持盾牌在前，余兵照鸳鸯阵紧随牌后，“如已闻鼓声而迟疑不进，即以军法斩首；其余兵仗牌刀遮抵于后，紧随牌进交锋。筅以救牌，长枪救筅，短兵救长枪。牌手阵亡，伍下兵通斩”。

牌手当先，长枪、狼筅、短刀手互相密切配合，以长济短、以短救长的刀牌结合打法，便是鸳鸯阵法的要点。好就好在长短兵器迭用，刺卫兼备，攻防适用，能够在各种地形上灵活变换阵形，出击灵活，应急方便，对士兵的要求也不高。手持狼筅的士兵，不需要玩任何花活，臂力过人就行。

想要成为戚家军的一员，最基本的一点是要能吃苦。1561年台州花街之战，当时戚家军从宁海火速驰援台州，正好下雨，种田人出身的义乌兵二话不说，冒着风雨就负重往前奔跑。到达台州之际，得知敌人就在前方，戚家军饭都没顾得上吃，迅速排开鸳鸯阵。戚继光亲自点燃号炮，铳手一顿射击，硝烟弥漫之际，戚家军冲上前，斩杀了倭寇的前排队长，把总吴惟忠更是连斩五颗倭首。倭寇顿时全盘崩溃，这一仗就被消灭了三百多人。

1563年平海卫之战则发生在福建莆田。莆田原本是明军的海防重镇，三面环水，易守难攻。此役指挥官为谭纶，戚继光为中军。当日黎明，一万多戚家军将士偃旗息鼓出发，倭寇以两千人出来迎战，前有骑兵百人。戚家军先用火箭、鸟铳一齐发射，倭寇战马受惊，骑兵无法再战。继而步兵冲过来，戚家军又向敌人扔石灰包，蒙住敌眼之后用狼筅横扫。再加上两路友军的左右包抄，倭寇很快败退回老巢。明军又向其抛掷火球、发射鸟铳，不到三个时辰就捣毁了平海卫倭巢，歼敌三千余人。这一仗打完，万事不理的嘉靖皇帝，居然高兴地跑出来，举行了隆重的告谢郊庙典礼。

戚继光对付的倭寇主要是海盗，并非大部队的作战部队。所以到后来他去蓟州军镇面对蒙古骑兵之际，这个鸳鸯阵便不能照抄照搬，而需要更新升级了。战车成为全阵的核心，佛朗机炮则占据了重要火力位置，以藤牌、镗钯和长柄单刀装备的传统戚家军角色，此时改变身份，成为杀手班。杀手班的距离和战车保持在二十五尺以内，他们如果前进，战车也随之而推进。

这种步兵、骑兵、战车兵混成的部队，一旦在野外遇到蒙古人，骑兵就先冲上去阻挡，而战车借此时间构成阵形，随后骑兵退入本阵，蒙古人不追来便罢，一旦进入火器射程约二百五十尺，佛朗机、鸟铳和火箭便同时施放。当火器发射之后，步兵立即从战车之后冲杀出来，挫乱敌军阵型；骑兵则重新整队出击，打扫战场之余敌。不过，这种战术最终没有太多实战事例，因为明朝不久后便与蒙古和解，之后的敌人是满洲。

第七节
白杆兵折　浑河之战的三军之殇

1621年的浑河之战，堪称明朝历史上最悲壮的一战。参战部队有辽兵、白杆兵、浙军（戚家军），都是明朝当时最强的军队，却因为种种掣肘加上互相的不合作，造成最终的惨败。我们这里主要讲一讲兵器应用，撇开那些是是非非，仅以军事来说一说这场战役。

先来说一说白杆兵。白杆兵正式的名称，是四川石柱宣抚使马氏家族招揽当地人编练而成的土司兵。而所谓“白杆”，其实也就是选取白蜡树的优质木料做成的长杆，上配带刃的钩，下配坚硬的铁环，钩可砍可拉，环则可作为锤击武器。在山地丘陵之类复杂地形作战之际，它还可以作为翻山越岭登楼攀墙的辅助工具，即所谓“一矛钩齿向上挂”。这很像之前我们提过的钩镰枪。手持这种长柄利器，配以短柄的利剑大刀，防护则是铁甲加厚棉的组合，“盔重十六斤，衬以厚絮，如斗大，甲重者数十斤，利箭不能入，火枪打百步”。所以白杆兵其实就是一种勤俭节约版的山地特种兵。万历年间的播州之乱，发生在山高水险的贵州遵义，明军曾经束手无策，当时就是白杆兵利用这种特殊性，发挥出奇兵的作用，从此打出了白杆枪无敌的招牌。

但扬名立万意味着自身不能出错，石柱马氏不过是一个土司，哪里来的资本运作此事？马家的媳妇二品诰命夫人秦良玉是四川总兵官，所以最初能编制五个营的兵力，每月钱粮也是由土司提供（米三斗六升、银三两六钱）。白杆兵的招募条件相当严格，均为村寨里的强壮青年男子，且“其节制甚严，只许刺击，不许割首，违者和退缩者斩首”。作战之际，白杆兵通常是排成一个尖锥状队伍，二十四旗为阵，二十五人为队，旗头一人，往后依次为三、五、七、九人。如果前排之人阵亡倒下，后排的人就依次补上，直至全部阵亡。勇敢向前者会得到重赏，怕死退缩和贪功误事者会被严惩，军中甚至还盛行古老的连坐法，所以白杆兵给人的印象，一直是锐不可当的猛虎。

但是就是这样一支不怕死的部队，却在浑河之战前夕，在通州与来自浙江的另一支明军部队（严格来讲不是戚家军，但基本延续了戚家军的传统）发生了激烈冲突，甚至闹到了枪炮对射的地步。指挥这支部队的是秦良玉的哥哥秦邦屏和弟弟秦民屏，或许就是之前不该发生却已经发生的内讧事件，使两个秦家的男人按捺不住，抢先一步推进到浑河边，打算与沈阳城里的明军来个里应外合。但是很可惜的是，他们的情报出了问题，实际上这个时候，沈阳已经城溃，七万东北明军覆灭。前来增援的所有明军，也不过一万余人，魏源曾感慨：“是役，明以万余人当我数万众，虽力屈而覆，为辽左用兵以来第一血战。”另一种说法，则是明军一共只有七千人，其中浙江兵三千三百人，川兵四千人，白杆兵又只是这四千人中的一部分而已。

此时并非戚家军的总兵官陈策（广东人）下令退兵，游击周敦吉（四川人）等却激烈请战：“我辈不能救沈，在此三年何为！”于是陈策改变策略，将部队分为两组：戚家军为一组，在浑河桥南立营；周敦吉则和秦邦屏等人，带着白杆兵到桥北立营。陈策则在戚家军这边。

第三支明军，则是当地的部队（蓟辽军），由总兵李秉诚、朱万良、姜弼带领，这支部队人数不少，多达三万人，可是此时却在远处，观望不战，潜台词似乎是：听说你们南方人野得很，就让你们上吧，我在后面欣赏你们的表演。而背后的原因，可能是浙江人跟东北人此前也打过架，显然东北人没打赢。这矛盾甚至可以追溯到抗倭援朝期间，但问题是抗倭战争1598年就完全结束了，再大的仇恨，到1621年也该化解了。蓟辽军看南军的热闹，南军内部的两支——戚家军和白杆兵又互相猜忌。这样的事出现在战场之上，难免造成悲剧。

努尔哈赤开始没把对手当回事，毕竟明军看上去人也太少了。他派出的是右翼四旗兵，其中号称精锐的是红巴甲喇军骑兵，努尔哈赤打仗也是讲究的，给他的骑兵们配备了棉甲和盾车，但红巴甲喇军骑兵着急，未戴披挂就向土司兵发起了一波冲击。结果，人数远少于满洲铁骑的四川人，把后金打得屁滚尿流，八旗“死于枪弩者数千人”，参领西佛先、佐领席尔泰、格朗先后被击毙。清朝人后来如此记载：“明之步兵，皆系精锐兵，骁勇善战，战之不退。”到这个时候，满洲人才意识到敌人乃是精锐步兵。

恰逢此时，汉奸出动了。这个汉奸就是在抚顺战役中投降努尔哈赤，并娶了努尔哈赤第七子阿巴泰的女儿当老婆的李永芳——努尔哈赤的孙女婿，被称为抚顺额驸。此刻李永芳利用刚刚投降的明军炮手，将原本安放在沈阳城头的一批小口径火炮运送到两军阵前——“李永芳得炮手，亲释其缚，人赏千金，即用以攻川兵，无不立碎者。”再猛的人也挡不住大炮轰，加上努尔哈赤此时又增派骑兵从两翼包抄杀至，川兵据说连饭都没来得及吃，周敦吉、秦邦屏等人就悉数殉于阵前，秦民屏带一部分残兵逃入南岸的浙江兵营。

于是，努尔哈赤便下令这数万八旗兵，渡过浑河向只有三千人的浙兵发起进攻，此时三万蓟辽兵还在远处沉思。按之前所说，老版的戚家军早已不在，这支戚家军其实都是新兵，但是依旧按照戚家军的训练方法加以训练，尽管训练时间不长，但就是这三千人，依旧顽强地阻击着后金。他们布阵于浑河五里之外，列置战车铳炮，掘壕安营，用秫秸为栅，外涂泥巴。因为之前在四川人手里吃了苦头，努尔哈赤也觉得不能小看明军，尤其是南方来的明军，所以他再三告诫刚刚惨胜的八旗兵“勿轻敌”。总兵陈策、副总兵童仲揆、参将张名世、都司袁见龙、都司邓起龙以及戚金此时都拿出了共存亡的勇气，他们先用手里的火枪射击，当火药耗尽，便手持三尺长的竹竿枪和腰刀，披甲胄，外套一层厚棉，与后金人作殊死搏杀，直到夜幕降临仍胜负未分。

这个时候，蓟辽兵总兵朱万良、姜弼遇到了后金将领雅松，雅松一战即溃，蓟辽兵终于追杀到后金左翼四旗兵营前，于是努尔哈赤、皇太极亲自出阵，攻击蓟辽兵，朱万良、姜弼又丢下自己的步兵遁逃。《满文老档》说这些明军步兵“未携弓箭，俱执丈五长枪及大刀，身着盔甲，外披棉被，头戴棉盔，其厚如许，刀枪不入”，但是没有骑兵的掩护，最后也只能全部被消灭。陈策、童仲揆于此时向手持尚方剑、代理熊廷弼经略辽东的袁应泰求救，但袁应泰的回应，却是令各军撤退，全力守辽阳，并引水注入城河，沿河排列大炮，兵士环城守卫。袁应泰拒绝救援的理由是：“奴兵强，决不可救，不必又添陷一枝人马。”换句话说，袁应泰已经放弃了前方友军。所以，后金有增援部队，戚家军却没有。最终，后金在雅巴海、布哈、孙扎钦、巴彦等十多员战将阵亡之后，歼灭了几乎所有浙兵，以上所言陈策等人，全部战死。

不久，辽阳城破，在浑河这一仗遁逃的朱万良，也终于在辽阳知耻而后勇，以一营之力独战努尔哈赤的两黄旗，至于袁应泰，亦自缢而死。一样是死，为什么不愿意在浑河共赴黄泉呢?

第八节
红夷大炮　大明的最后法宝为何失灵?

1517年，一个海外番邦的使团抵达了广州，他们声称自己来自叫作佛郎机的国度，是国王派来的特使，要见大明皇帝。明朝人对这个海外番邦颇为津津乐道，因为这些人长得明显不同于中国人，也不同于郑和下西洋之际描述过的那些人，于是颇为细致地记录下了他们的特征："身长七尺，高鼻深目，猫睛鹰嘴，面貌白皙，卷发赤须。"

佛郎机的准确译法其实是法兰西。在东西方尚未顺利沟通的年代，伊斯兰教徒成为沟通两大世界的中介，而穆斯林告诉中国人，这些高鼻深目的家伙，就是"弗兰克"，但由于汉语没有准确的对应读音，所以最后就被念成"佛郎机"，葡萄牙、西班牙这些最先来到东方的欧洲国家便被以此名称呼——但需要注意的是，"佛郎机"是葡萄牙，并非法兰西。

佛郎机的船一到广州，便升旗鸣炮，《中国古代火炮史》记载说：“蓦有番船三只至省城下，放铳三个，城中尽惊。”广州地方还以为番邦要进犯，后来经过一番解释，矛盾才化解。应该说广州的官员对这些番邦的人还算比较客气，允许他们在此停留，然后上报朝廷。但是这些佛郎机人却并不老实，他们前往珠江口东侧的屯门岛，盖房屋、围栅栏、立营寨，打起了在此长久居住的主意。与此同时，佛郎机使臣皮莱资以及充当翻译官的华人火者亚三，又在南京通过贿赂权臣江彬，居然直接搭上了明武宗。火者亚三因为会说葡萄牙语，还一度成了皇帝的身边宠臣，教皇帝说葡语。

就在明朝群臣看着火者亚三干生气而无可奈何之际，1520年，忽然从如今的马六甲、当时的明朝藩属满剌加发来求救信号，说是遭到佛郎机的入侵，请求天朝“遣将助兵复其国”，于是群臣商议：“满剌加乃敕封之国，而佛郎机敢并之，且啖我以利，邀求封贡，决不可许。宜却其使臣，明示顺逆，令还满剌加疆土，方许朝贡，倘执迷不悛，必檄告诸蕃，声罪致讨。”大意如此：群臣严正谴责，要佛郎机从满剌加撤兵，如果不撤，将发兵讨伐云云。但明朝实际上并没有采取行动，而且第二年明武宗就驾崩了，和佛郎机相关的人都被处置，连翻译官火者亚三都被处死，皮莱资被打发回广州，随后被打入大牢。

广州这边，出于直接面对的缘故，按察使汪鋐倒是不敢马虎，立即部署事宜。佛朗机什么情况，他能不知道吗？单是讲船：“其船用夹板，长十丈，宽三丈，两旁驾橹四十余枝，周围置铳三十余管，船底尖而面平，不畏风浪，人立之处，用板捍蔽，不畏矢石，每船二百人撑驾，橹多而人众，虽无风可以疾走。各铳举发，弹落如雨，所向无敌，号曰‘蜈蚣船’。”若是讲武器：“其铳管用钢铸造，大者一千余斤，中者五百余斤，小者一百五十斤。每铳一管，用提铳四把，大小量铳管以铁为之，铳弹内用铁外用铅，大者八斤，其火药制法与中国异。其铳举放，远可去百余丈，木石犯之皆碎。”后来便把这种铳（其实是炮），叫作佛郎机炮。以当时广州的军力，对其是无可奈何的。

汪鋐第一次出兵驱赶，佛朗机人根本就不肯走，“反用铳击败我兵”，而明军“望而畏之，不敢近”。于是汪鋐派人打着卖米酒给佛朗机人的旗号，登上了船只，还结识了船上的两个华人，华人跟他们详细地说了船和大炮的情况。没多久，汪鋐居然就让人仿制了佛朗机铳。到了这年秋天，明军居然能用仿制的佛朗机火炮向佛朗机人发起攻势，将这些入侵者一举击溃并逐出珠江口。1522年，另一路佛郎机人抵达新会县茜草湾之际，也被汪鋐击退。

汪鋐确实很厉害，虽然他打败了佛朗机人，可是他一点都不小看敌人，尤其是很积极地向朝廷陈述佛朗机人用的枪炮如何厉害，还把缴获的佛朗机铳送进京给皇帝看。打败西方侵略者，汪鋐堪称中国历史上的第一人，虽然我们的历史教科书没提到他和这件事，但当时刚登基没多久的嘉靖皇帝很高兴地把汪鋐召进京城。当时的兵部尚书对汪鋐很不屑，说了一堆战争要靠人打不是靠武器之类的空话，结果被嘉靖皇帝撤职，汪鋐取而代之，当上了兵部尚书。

“其铳管用钢铸造，大者一千余斤，中者五百余斤，小者一百五十斤。每铳一管，用提铳四把，大小量铳管以铁为之，铳弹内用铁外用铅，大者八斤，其火药制法与中国异。其铳举放，远可去百余丈，木石犯之皆碎。”以后视者的角度，我们现在知道广东人所看到的这种佛郎机炮其实是15世纪问世的鹰炮，早期在欧洲用来对付步兵，后来成为一种用于海上的小型火炮，特点是射程长、破坏力强，用法类似于野战炮，只需少量火药，即可炮击到九米以外的地方。

经历了这一仗，葡萄牙人转变了手法。1556年，一个叫作苏萨的葡萄牙船长写信给葡王约翰三世之兄弟路易斯亲王，说自己在1551年抵达了中国。进入中国港口后，苏萨说：“我命令在中国海上的葡人不要登陆，并且不要做任何对抗中国的事情。然后我进行和平谈判。葡人答应缴纳各种税，所有葡人都同意这种协定。”随后他们见到了广州城海道副使，苏萨说：“他是国家的高级官吏和海军长官，负责海防兼理市舶一切事宜。有必要时，往往受任大权，亲自出马。”最后双方便达成一项口头协定，葡人缴纳百分之二十的关税，换取到澳门进行贸易的资格。很可能广东当局自己做了权宜的决定，因为皇帝根本就不知道这个事，更没有批准这个协定。葡萄牙人其实是靠贿赂，得到了澳门的居住权。《广东史通》是这样说的：“嘉靖三十二年，蕃舶托言舟触风涛，故借濠镜地曝晒诸水渍贡物，海道副使汪柏使之。蕃人之入居澳，自汪柏始。”

其中还有一个说法，当时嘉靖皇帝需要一种特殊的贡品叫作龙涎香，“司礼监付谕户部取龙涎香百斤，檄下诸番，悬价每斤赏一千二百两，望香山澳访买，仅得十一两”。而葡萄牙人手里就有这种香料，因为葡萄牙人控制了东南亚的香料贸易之路，绝大多数运入中国的香料均要经葡人之手。

《历史上的澳门》一书描述了这样的场景：葡人来澳门贸易，海关收税官直出衙门陈列接受葡人缴纳的租金，税官回送葡商一罐酒及一些糕点。然后翻译对海道副使说，葡人带来五百两银子作为缴纳澳门的地租。海道副使当着其他官员的面表示同意，并连忙将这些银子送入铁柜，因为那是供御用的财物。此后每年五百两租金之例相沿下来。

由此可知，嘉靖初年，佛郎机炮便传入中国，且明朝政府对这种西洋玩意儿向来是来者不拒的，尤其是发现这种炮比传统火铳更厉害之后，明朝的军工部门立即开始仿制。嘉靖中期，远在西北的甘肃边防，已经有一千门以上的佛郎机炮车，宁夏、山西也有相似数量的配置。明朝人说：“火器之中，佛郎机尤为便利。边关之地所以自卫攻敌者，唯此是恃也。”

明朝的水师也同样大量装备佛郎机炮，一条船上，往往装备有二到六座大佛郎机炮。明军青睐佛郎机炮是有理由的，较中国的原有大炮而言，这种西洋人炮射速快，重型佛郎机大炮被称为“无敌大将军”，有三门子炮，射时子炮装入母炮，发射完拿出，再装填第二个子炮。从实际操演来看，三炮射击总共费时不到二十秒，这是很了不起的。而且后装炮前后相通，空气流通，炮管较薄，散热也快，持续射击的能力由此增强，火药自燃的可能性大大降低。铁铸的子炮可以承担一部分火药压力，一旦出现裂缝损坏，也不影响火炮的射击性能。

到嘉靖末期，佛郎机炮已经成为明军的主力装备，不过用得多了，弊病也显示出来，譬如子炮和炮腹之间气密性不佳，导致火药气体在炮腹外泄，造成火炮射程较短。在敌人骑兵高速冲锋时，不足以压制对手——这一点尤其不利于对付当时的蒙古骑兵和稍后的满洲人。

也实在是历史的机运，就在这个时候，1620年左右，广东海面又来了一条西洋战舰，遇上台风受损沉没。后来广州政府组织打捞，捞出三十六门十八磅的舰炮，其中有二十四门被送到了帝都。另一种说法是葡萄牙人捞起了炮，稍加修缮卖给了广州政府。这条沉没的船是英国东印度公司的“独角兽”号，但是明朝并不知道，他们想当然地认为这是荷兰人的玩意儿，而此时明朝人已经把荷兰人叫作“红夷”。《明史·外国列传》如是说：“和兰，又名红毛番，地近佛郎机。”于是这些炮，便顺理成章叫作红夷大炮。

与之前的佛郎机炮不同的是，这种炮射程远达一千米以上，威力更大，炮管也更长，管壁更厚，精度更高，以术语来讲，它属于前装滑膛铜炮，即炮管内部没有铸造膛线的火炮。这个消息惊动了一个上海人——徐光启。他立即联合杭州人李之藻，一起给皇帝上疏，说西洋大铳（红夷大炮）真是个好东西，“可以制奴（指北方的后金）”，请求去香山（澳门原属于香山县），同时把那些会造炮打炮的红夷人也一起召过来，“以资战守”。

在获得皇帝的旨意许可后，徐光启便赶到澳门。第一批红夷大炮随后到达北京。在徐光启的争取之下，二十四名葡萄牙技师随即到达北京成了明军炮兵的教官，沉船上的二十多门舰炮，也同期送达。据说徐光启信仰天主教，凭借这个关系，他谈到了比较优惠的价格，只是我们不知晓具体优惠了多少。但这些炮的其中一门，至今仍收藏于中国军事博物馆。关于红夷大炮的来源，还有一种听上去有点不太靠谱的说法：明朝威胁葡萄牙人，要提高澳门的租金，于是葡萄牙人说租金就别涨价了，我帮你铸造红夷大炮。当时澳门有远东最好的炮厂——卜加劳铸炮厂，与明朝交易的火炮大部分来自这个炮厂。

徐光启有个学生，也是上海人，具体而言是今天的嘉定人，叫作孙元化。此人在考中举人之后便到徐光启这边学习西学，主要内容是火器和数学，此后便对科举考试的八股文章失去兴趣，放弃科举，专心西学。1621年，他追随老师受洗入教，第二年边关便传来辽省防务吃紧的消息，孙元化向朝廷连上两条御敌策略，居然得到了兵部尚书孙承宗的认可，其中对大炮的主张，更在宁远城的防务上得到了运用。因此，孙元化得到保荐，到宁远协助袁崇焕。

宁远城，其实是个很小的城，位于山海关外一百公里处，直到1428年才设为卫城。红夷大炮的摆放按照以往的规矩是安置在城外的壕沟之外——果真如此的话，努尔哈赤就未必会中弹了。袁崇焕和孙元化在仔细观测宁远城及周边的情况之后，最终决定将大炮搬进城。城的四角各有一个方形敌台，三面伸出城外，一面和城池相连，最终红夷大炮就放置在方形敌台的特制炮车之上。这样一来，大炮的火力便可覆盖城墙外二百七十度的范围，而且相邻城墙角敌台之间的大炮，也可以射击城下的敌军。这样一来，火炮的死角就能被填补，基本上做到全覆盖。

由于孙元化的到场，加上担任火器总把（炮队总指挥）的彭簪接受过葡萄牙人训练，红夷大炮的炮手之中，也有袁崇焕早年在福建招募的罗立等熟手，此后便是如《明熹宗实录》所言：“（宁远）炮过处，打死北骑无算。”亦如《明史》所记：“城内架西洋大炮十一门，从城上击，周而不停。”

据说，努尔哈赤本人也被大炮打伤，回去之后七个月病死。这个有些真假难辨，因为努尔哈赤最终是身患毒疽而死，至于这疽，究竟与大炮有无干系，就不得而知了。但是有一点是肯定的：红夷大炮的威力让一班八旗子弟印象深刻。因为努尔哈赤的继任者皇太极就致力于做两件事，一是设计害死袁崇焕，二是搞到红夷大炮。这两件事，后来都让他如愿以偿。

1630年，多疑的崇祯杀了袁崇焕。当时孙元化在内外交困的境况之下，依旧能保证八城二十四堡屹立不动，直到被调任去山东半岛的登州。而到了登州，孙元化依旧大胆使用西方人的外籍军团，当时的登州被《中西交通史》称为“东陲之西学堡垒”。此时红夷大炮仍旧为明军发挥着极大的作用。1631年，皮岛海战爆发，双方激战十余天，明军在东江总兵黄龙和副总兵张焘指挥下，用战船上的大炮猛烈轰击后金沿海防线，结果是后金军战败，“畏缩奔于八十里之外，不敢复近海岸”。张焘奏称：“（炮队）计用神器十九次，约打死贼六七百官兵。”

但是就在这个时候，孙元化做了一件致命的错事——收留了来自皮岛的孔有德和耿仲明，耿仲明即后世三藩耿精忠的爷爷。稍后祖大寿在大凌河被围之际，孙元化派孔有德去增援，结果这个自称是孔子之后的家伙中途反水，杀回登州，耿精忠的爷爷则做了内应，于是孙元化战败被俘。这个时候孙元化还试图劝说孔有德回心转意，一度以为招安有望，结果山东巡抚藏匿了招抚的诏书，孙元化再以三寸不烂之舌说服孔有德让他回朝说明真相。但这个时候，那些仇恨他的人，已经结成了针对他的同盟，联合下手，非要置孙元化于死地不可。最终孙元化被斩首，汤若望在他死前，乔装成送炭工入狱探望，为他做了最后的告解。

孔有德和耿仲明听说连孙元化都被崇祯皇帝处决了，哪里还会犹豫，于是驾着百余艘船只，带着一万多人和数门红夷大炮，到鸭绿江口镇江堡登陆之后，递给皇太极一封信，信上写着：“本帅现有甲兵数万，轻舟百余，大炮、火器俱全。有此武器，更与明汗同心协力，水陆并进，势如破竹，天下又谁敢与汗为敌乎？”要知道，这个时候，皇太极还在为自己的那些人苦苦仿造不出合格的大炮而绞尽脑汁，结果孔有德和耿仲明主动送货上门了。皇太极大喜，他跑到郊外十里外迎接两位降将，其实孔有德和耿仲明算什么，他真正迎接的是红夷大炮。随后，后金设立了第一支炮兵部队“乌真超哈”，红夷大炮则更名为“红衣大炮”。

1644年，李自成大顺军凿重壕、立坚壁，在潼关堵截清军。红衣大炮至，轰破关防，大顺军崩溃。1645年，清军又用红衣大炮轰塌了扬州城墙，“城上鼎沸，势遂不支”。十一日后，扬州城破，史可法被俘就义。多说一句，当年孙元化麾下一共有二十七名西方人，在战役中十二人阵亡，十五人脱身逃走，没有一人投降。

在这里我们要说说红夷大炮本身的特点。首先这是一种架退式前装滑膛火炮，所谓架退式，就是说每发射一次，都会往后“缩一缩”，偏离原有的射击战位。这个时候，便需要经历复位，再装填，再次设定方向角和仰角。这个复位颇为烦琐，必须用带钩的刷子先把没有燃烧完全的碎布之类钩出来，再用沾水毛刷伸进炮膛熄灭火星并清洗干净，然后用干布包裹的炮杆伸入将炮膛擦干，这些动作做完之后，才能再次填火药、放炮弹——整体来讲，那个时候打炮，是一件很麻烦的事。

但是，红夷大炮的优点也是无可比拟的，因为火药燃烧时膛压是由高到低的，所以管壁也是从炮口到炮尾逐渐加粗的设计。炮身的重心两侧还有圆柱形炮耳，可以以此为轴调节仰角，配合火药用量改变射程。更贴心的是有了准星和照门，便可以依照抛物线来计算弹道，相对精度大大提高。虽然射速偏慢，炮体也非常沉重，却不可否认它的威力之大、射程之远，野战或许有点不便，但至少在城池攻防战中厥功至伟，且后来有了合适的陆用炮车使其好用许多。

只不过，凭借大炮和吴三桂夺下大明江山的清朝，若干年后居然完全不提火器，沉迷在“弓马骑射乃建州之本”的谎言里，骗得了自己，却骗不了英法俄日各色列强，终于尝到了被火枪大炮打开国门、皇帝太后撒丫子跑出京城的苦果。

尾　声

棉甲纸甲　为抗御火器而费尽心思的产物

元明清这样火器大发展的时代，最受伤的自然是盔甲，尤其是以往专为防御冷兵器而制作的札甲，越来越难以适应形势的巨变。明朝的《武备志》抱怨说：铁甲不能适应天雨路滑的天气，而且古代不锈钢技术也不发达，铁甲生锈腐烂，几乎是难以避免的事。明朝的英宗皇帝，发现连在宫廷充当仪仗队的甲士身上的盔甲都出现了严重的锈迹。皇帝龙颜大怒，连盔甲都护理不好，可见工作态度极其不端正，便下令锦衣卫将这几个货乱棍打死。

但事实上生锈还是个小问题，南方曾有人提出办法——在铁甲上涂抹黑漆，据说就能防锈。但到了这个时候，“倭夷土贼率用火铳神器”，金属盔甲又重又无法抵抗火弹，你说还有什么用？所以这个时候便出现了放弃铁甲、回归绵甲甚至纸铠的潮流。明朝朱国祯写了一本《涌幢小品》，里头有对此的介绍：

“纸铠起于唐宣宗时，河中节度使徐商劈纸为之，劲矢不能入。绵甲（古代绵、棉二字通用，我们姑且把这种初期版本称为绵甲，而后期的升级版则称为复合型棉甲）以绵花七斤，用布缝如夹袄。两臂过肩五寸，下长掩膝，粗线逐行横直，缝紧入水，浸透取起，铺地，用脚踹实，以不胖胀为度，晒干收用。见雨不重，霉黰不烂，鸟铳不能大伤。纸甲，用无性极柔之纸，加工锤软，叠厚三寸，方寸四钉，如遇水雨浸湿，铳箭难透。”

不论是纸是绵，其实遵循的都是一个道理，那就是层层叠加，靠厚度抵御攻击——成功范例譬如明末李自成的骑兵就穿了“厚百层”的绵甲，结果确实是“矢炮不能入”。因为早期火铳射出的弹丸，杀伤力不大，凭借足够厚度的丝绵布料缝合来抵挡，也真的有可能。但是在明军与倭寇的战争中，却有意外的发现。万历年间，本来入朝明军准备了尺寸为高七尺、阔一丈二尺的大棉被，用来遮挡弹丸，但兵部左侍郎宋应昌曾把缴获的倭寇鸟铳拿来做实验，其结果是八十步之外，你就算穿两层湿毡被也会被鸟铳击穿；到五十步之外，你穿三四层湿毡被都无法保证自己的安全。

所以事实上，纸铠绵甲也已经扛不住越来越厉害的火器。只能再加材料，即在制作绵甲时加上金属、牛皮等防御材料，做成复合甲。棉制材料对火铳弹丸有缓冲作用，牛皮、纸甲、金属则既能防御火器，还能应对冷兵器的攻击，而复合甲就是把绵甲、铁甲、皮甲、纸甲的防御性能全部集中到了一起。后期的明军正是穿着这样的复合甲上阵，他们的对手后金在《满洲实录》里记录说，明军

“铁盔之外有绵盔，铁甲之外有绵甲”，给人感觉好像明军很怕后金，所以穿了一件铁甲不安心，又穿一件绵甲，事实上是后金不识货、没眼力，这个其实是内置铁叶外层为棉布的复合型棉甲。

到了清朝康熙年间，康熙皇帝也为无法招架敌人的火器而烦恼，有个叫林兴珠的人回答说：“滚被”最好。康熙当时就蒙了，滚被是什么？林兴珠说其实就是棉被——用一条厚二寸的大棉被，敌人打枪，就把被子张开挡子弹；打完，就“卷被持刀滚进”，去“斫人”！结果这一番言论还真让康熙相信了。直到清末，还有一个叫丁日健的人到台湾做官，专门练了一帮人，手持“水湿棉被”，照他的说法真的有用。

不过至少有一点是可以肯定的：明末清初，传统铠甲在火器面前步步败退，到清朝乾隆年间，上文所讲的复合甲，已经完全占据了主流。如乾隆二十一年（1756年），内务府经过皇帝的同意，将京师八旗三分之一的铁甲改装为棉甲（复合甲），又单造一万八千件棉甲。到1791年，乾隆自己也承认，铁甲只是高级将领检阅部队之际，偶尔穿一穿，士兵不可能再穿这种只会降低机动能力的盔甲。

稍后，复合型棉甲也被证明，其对火器的防御能力只有一点点。随着1840年之后更先进的西方火器进入，复合型棉甲迅速遭遇被抛弃的命运，普通士兵甚至只穿着对襟号衣。他们并非清朝初期的绿营，而已经属于更新换代的晚清国防力量主体——勇字营，直到清末练新军，他们方被取代。

后 记
武侠片里的奇门兵器

2022年，中国人距离刀光剑影的那个时代，已然久矣。然而有的时候，距离现实越是遥远的东西，反而更能引起后来者更大的兴趣。对此最有体会的，莫如电影行业，近如2015年的《师父》、2014年的《绣春刀》和2004年的《功夫》，再往前甚至一直到20世纪二三十年代的《火烧红莲寺》，莫不以武打功夫为其特色，而其背后，往往隐藏着一个个关于兵器的故事。《功夫》，从斧头帮的两把斧头开场到五郎八卦棍、铁线拳，已然让人大开眼界；《师父》更是借南派宗师北上开武馆这样一个事件，将那些岁月中曾叱咤风云的一件件兵器逐步展现在观众面前，如蝴蝶双刀、岳王刀、三尖两刃刀、子午鸳鸯钺、单锋剑……

不过说实在话，这种戏曲感十足的兵器打斗，其实和战场上的军事运用完全是两回事。尤其是电影往往要夺人眼球，讲个新奇怪异才能吸引关注，所以武侠小说往往会将一些在实际战场上并不占主体地位的兵器，拿出来忽悠观众。譬如说小李飞刀——不过是把普通的刀，却又是江湖中最神奇的刀。刀光一闪，小李飞刀已发出，刀已插入他的咽喉，他瞪大眼睛，至死也不相信，没有人看清小李飞刀是如何出手的——很大程度上，就是因为刀本身的寻常性，加上使刀人的超高技艺，这才升华为一种奇妙的组合，让读者过目不忘。

将普通兵器写出神奇是一种思路，把非主流兵器拿出来让大家开开眼则是另一种。本人收藏有一柄铁尺，这类短兵其实就是唐宋时期衙役捕快的常用武器，因为短小易于携带，可暗藏于腰间，或者放置于小臂下侧，在突发情况下拿出来护身或是发起攻击，都是极好的。中间这个头若是圆头，则以点穴为主；若是尖头，则可刺杀。至于旁枝，则多用于格挡时卡住对方的兵器，所以拿这个来对付刀剑，尤其针对大刀，用于卡、断、攻喉三个动作，其实颇有一种别样的妖娆。16世纪末这种兵器传至琉球，遂成为琉球空手道的器械教学，又称空手道短叉。日本人则称之为琉球三叉刺，慢慢地演变为日本忍者所使用的兵刃，直至动画片《忍者神龟》上演，遂成为一种关注度极高的手执兵器。

另一种则是峨眉刺，本人亦收藏了一支作为闲暇笔耕之余把玩之用。相传是明朝末年峨眉山白眉道长所创，长约三十厘米，头端略扁，呈菱形带尖，中有一圆环，使用者可将圆环套在中指上，运用抖腕和手指拨动使其转动。说书的人说这件兵器原本是古代水战中使用的一种格斗短兵械，可在水中作刺杀或潜入水底凿穿船底之用，故又称分水峨眉刺。《三侠五义》里五鼠闹东京，其中有个“翻江鼠”蒋平，他用的便是这种兵刃。《射雕英雄传》里黄蓉在做丐帮帮主之前用的也是峨眉刺，只是小说里出场不多，甚至只是用来杀鸡：“黄蓉去农家捉了一只鸡，用峨眉刺把鸡剖了干净，也不去毛，用泥和了……”

梢子棍，是一件古代比较常见的防身兵器，简单讲就是一根棍的前方加了一个梢子头，携带方便，甚至古代出门在外，还可以拿它来挑担，而一旦遇到劫道的匪徒，这件武器可就大有用处了。梢子头短小却很灵活，加以长棍的操作，能给予对手非常强劲的打击。而这件兵器，早年确实也上过战场，战国那会儿叫作连挺——《墨子》将其与长斧、长枪一起列入城防器械名单。

到了唐朝，《通典》有很详细的介绍：连挺，如打禾连枷状，打女墙外上城敌人。这里的女墙就是城上的矮墙，敌军沿着云梯爬到此处时，守军便利用居高临下的优势，以梢子棍发起攻击——一般是打敌人的头部。而宋朝那会儿，又发现辽和夏的骑兵，使用一种铁链夹棒式的兵器，造成宋军不少伤亡。于是宋朝军民就学习过来，终于形成了和现代梢子棍比较相似的兵器，叫作铁连枷。狄青后来讨伐南方的侬智高，就利用骑兵突击配合铁连枷自上而下的击打能力，大获全胜。而到了明清，梢子棍便从战场上淘汰下来，成了跑江湖的一种奇门兵器。香港早期武打电影《南少林与北少林》中，便有这种武器的出现，后来许冠杰在

《最佳拍档》系列片中，也曾使用梢子棍。

对出生于20世纪70、80年代的我们而言，其实更难忘的，还是小时候读过的连环画里的那些传统兵器，如吕奉先的方天画戟、关云长的青龙偃月刀、张翼德的丈八蛇矛、程咬金的斧、尉迟恭的鞭、岳云的锤、牛皋的锏、秦明的狼牙棒，所以到了2022年的春夏之交，当疫情弥漫之际，我可以不用理会自媒体世界的喧嚣胡缠，静下心来，在顶楼的小书房里，默默地写下这些文字。

初稿：2022年6月

二稿：2022年8月